城市信息模型（CIM）发展报告

U0184461

重庆市住房和城乡建设委员会
重庆市市政设计研究院有限公司　　主编
广联达科技股份有限公司

重庆大学出版社

内容提要

本书围绕城市信息模型（CIM），在对CIM的概念内涵、发展演变历程、相关政策以及CIM的意义进行全面综述的基础上，从CIM关键技术、标准发展、数据体系、基础平台、典型CIM+应用等方面，对CIM技术应用进行了系统分析、阐述和总结。同时结合重庆市实际情况，给出了重庆市CIM发展建议，并对CIM的未来发展趋势进行了展望，最后收录了国内CIM典型案例。

本书可供智慧城市、CIM相关领域的科研机构、企业厂家、建设单位的技术、管理人员参考，同时也可供高等院校相关专业师生阅读。

图书在版编目（CIP）数据

城市信息模型（CIM）发展报告 / 重庆市住房和城乡建设委员会, 重庆市市政设计研究院有限公司, 广联达科技股份有限公司主编. -- 重庆：重庆大学出版社, 2022.10

ISBN 978-7-5689-3557-9

Ⅰ. ①城… Ⅱ. ①重…②重…③广… Ⅲ. ①城市规划—信息化—研究报告—中国 Ⅳ. ①TU984.2-39

中国版本图书馆CIP数据核字（2022）第173007号

城市信息模型（CIM）发展报告

ChengShi XinXi MoXing（CIM）FaZhan BaoGao

重庆市住房和城乡建设委员会
重庆市市政设计研究院有限公司　主编
广联达科技股份有限公司

策划编辑：林青山

责任编辑：林青山　　版式设计：夏　雪
责任校对：邹　忌　　责任印制：赵　晟

*

重庆大学出版社出版发行
出版人：饶帮华
社址：重庆市沙坪坝区大学城西路21号
邮编：401331
电话：（023）88617190　88617185（中小学）
传真：（023）88617186　88617166
网址：http://www.cqup.com.cn
邮箱：fxk@cqup.com.cn（营销中心）
全国新华书店经销
重庆长虹印务有限公司印刷

*

开本：787mm×1092mm　1/16　印张：8.5　字数：187千
2022年10月第1版　2022年10月第1次印刷
ISBN 978-7-5689-3557-9　定价：69.00元

本书如有印刷、装订等质量问题，本社负责调换

版权所有，请勿擅自翻印和用本书
制作各类出版物及配套用书，违者必究

编委会

EDITORIAL BOARD

顾　　问：郭仁忠

主　　任：陈光宇

副 主 任：周长安　刘建伟　张国庆　谢厚礼　刘　刚

编写成员：陈　轩　杜　江　谢　刚　葛留名　张林钊

习文强　刘　川　樊　焜　王春乐　雷　俊

张艺伟　吴思睿　张清虹　刘东博　张妮妮

金　涛　李　华　况晓静　唐小龙　汪川东

宋少贤　孙　杰　陶　媛　齐安文　孙晓亭

李文澜　张　勇　钟　杰　李光熠　马　莹

李贞权　黎悠悠　龚　锦

序 言

FOREWORD

信息技术的快速发展和广泛应用带动着社会进入全面数字化转型。数字社会已经到来，个人、企业、政府、城市乃至国家是选择主动迎接还是被动响应，是引导潮流还是被潮流裹挟？不同的选择将决定我们在数字社会中是否能处于有利的竞争地位。

党和国家十分重视数字化转型及其所带来的机遇。2017 年 12 月，习近平总书记讲话指出要审时度势、精心谋划、超前布局、力争主动，推动实施国家大数据战略，加快完善数字基础设施，加快建设数字中国。这一讲话精神为我们指明了未来的发展方向和奋进路线。

智慧城市是数字中国建设的重要组成部分，城市信息模型及其运行管理服务平台是智慧城市的核心支撑，是未来城市的新型基础设施。2021 年 3 月，《中华人民共和国国民经济和社会发展第十四个五年规划和 2035 年远景目标纲要》明确提出要加快数字化发展，完善城市信息模型平台和运行管理服务平台。此前，住房和城乡建设部、中央网信办、工业和信息化部联合发布《关于开展城市信息模型（CIM）基础平台建设的指导意见》，要求全面推进 CIM 基础平台建设和 CIM 基础平台在城市规划建设管理领域的广泛应用，带动自主可控技术应用和相关产业发展，提升城市精细化、智慧化管理水平。因此，城市信息模型及其平台的建设已经上升为国家战略，是当前智慧城市建设的基础工程和核心任务。

我们已经充分认识到城市信息模型的意义和价值，但如何建设以及如何运维城市信息模型，尚有大量的核心技术需要研发、应用场景需要探索、标准规范需要编制。近年来，我国学界、业界和政界共同努力，在城市信息模型技术和应用领域进行了大量卓有成效的探索，取得了十分丰硕的成果，共享这些成果可以减少不必要的重复探索，加快技术迭代升级，推进我国智慧城市建设快速发展。因此，编制一本《城市信息模型（CIM）发展报告》十分有必要。

重庆市是住房和城乡建设部 “新城建”试点城市之一，以城市数据汇聚融合服务城市运营为目标，围绕市政基础设施智能化建设与改造、智慧社区建设、智能建造与建筑工业化协同发展等重点任务，高标准、高质量推进“新城建”建设工作，推动城市治理体系和治理能力现代化，作了很多有益的成功探索。重庆市住房和城乡建设委员会联合相关单位，结合自身的探索，编制了《城市信息模型（CIM）发展报告》，是一种主动担当，该报告从背景、概念、技术、标准和应用等多个维度对城市信息模型及其发展进行了系统综述，对智慧城市领域的科学家、工程师、管理者和用户均有参考价值，相信该报告的出版，将对我国智慧城市建设起到积极的促进作用。

中国科学院院士

前　言

PREFACE

习近平总书记指出，“没有信息化就没有现代化。”党的十九大、二十大报告明确提出要加快建设网络强国、数字中国、智慧城市。智慧城市建设是推进城市高质量发展的重要途径，也是城市走向未来的战略选择。城市信息模型（CIM）作为智慧城市建设的根基和底座，为城市智慧化建设治理的全周期、全时空、全要素、全过程提供服务，对于推进城市治理体系和治理能力现代化均具有重要意义，发展大有可为，未来值得期待。

党中央、国务院高度重视智慧城市建设，将其作为落实数字中国战略、推动城市治理体系和治理能力现代化的核心载体，并多次部署智慧城市建设工作，要求完善城市信息模型（CIM）平台，积极探索CIM等新技术应用，构建城市数据资源体系，提升城市治理科学化、精细化、智能化水平。住房和城乡建设部全面推进CIM技术在城市规划建设管理领域的广泛应用，先后出台《关于开展城市信息模型（CIM）基础平台建设的指导意见》和《城市信息模型（CIM）基础平台技术导则》，将CIM平台建设作为新型城市基础设施建设的重要任务和实施基础，为CIM基础平台建设和运维提供了有力支撑。

近年来，重庆市认真践行数字中国战略，以大数据智能化为引领，把CIM技术应用作为发展数字经济、支撑新时期城市建设与智慧城市应用的有力抓手，在标准规范编制、平台能力建设、数据汇聚共享、应用场景拓展等方面已形成一系列工作成果，探索形成了具有重庆特色的“国家—省（市）—区”三级协同建设模式，走出了一条CIM“重庆路径”。2020年，重庆市成功入选首批新型城市基础设施建设试点城市，CIM平台建设作为试点的必选内容，推进力度得到进一步提升。

本书由重庆市住房和城乡建设委员会联合重庆市市政设计研究院有限公司、广联达科技股份有限公司编写。全书基于重庆市CIM

技术研究和试点探索情况，对 CIM 的概念内涵、发展演变历程、相关政策以及推进意义进行了全面综述，对 CIM 的关键技术、标准发展、数据体系、基础平台及 CIM+ 应用等方面进行了系统分析、阐述和总结，以便让读者系统地了解 CIM 的探索成果。

全书共9章。第1章主要针对CIM的概念与内涵、发展演变历程、相关政策和价值意义进行全面综述；第2—5章分别对CIM关键技术、标准的发展、数据体系和基础平台进行讲解；第6章从工程建设项目审查审批、城市建设、城市管理、城市运营和智慧决策5个方面，对 CIM+ 典型应用进行重点讲解；第7章结合重庆市本地情况，给出了具有重庆特色的 CIM 发展落地建议；第8章对 CIM 的未来发展趋势进行了展望；第9章介绍了4个国内典型案例。

本书希望能为 CIM 技术发展和应用提供建议，为智慧城市建设相关领域的专家学者、管理人员和技术人员提供参考，同时也可供高等院校相关专业师生阅读研究。

重庆市住房和城乡建设委员会党组成员、副主任

2022年10月

目　录

CONTENTS

第1章　CIM综述

1.1　CIM的概念与内涵

1.1.1　CIM的概念

城市信息模型（City information modeling，CIM）是近年来才被业界提出的术语。对于CIM的理解，业内人士的普遍共识是：城市信息模型（CIM）是建筑信息模型（Building information modeling，BIM）概念在城市范围内的扩展；是以城市地理信息（Geographic information system，GIS）为基础，融合建筑物和基础设施的BIM模型信息，表达和管理城市历史、现状、未来的综合模型。

从空间范围上讲，CIM是“大场景GIS数据+小场景BIM数据+物联网IoT数据”的有机结合。BIM是组成CIM的“细胞”，通过解析单体建筑和城市构筑物，它可以提供丰富细致的建筑物信息，将城市管理的精细程度由建筑物级别提升到建筑物的构件级别。GIS可以对城市大场景的地表、地形、地貌进行数字化表达和还原，负责展现物体的空间位置信息，对城市建筑物及设施进行精准定位以及空间分析。将BIM和GIS数据相融合，可以形成包含宏观微观、室内室外、地上地下的多层次、多尺度的城市信息模型数据。物联网IoT数据提供了城市动态运行状况的实时、动态感知信息，它与BIM、GIS等静态、准静态空间数据相结合，构建起动静态相结合、时空一体化的城市综合信息模型。

2021年5月，住房和城乡建设部发布了《城市信息模型（CIM）基础平台技术导则》（修订版），将城市信息模型（CIM）定义为：城市信息模型（CIM）是以建筑信息模型（BIM）、地理信息系统（GIS）、物联网（IoT）等技术为基础，整合城市地上地下、室内室外、历史现状未来多维多尺度空间数据和物联感知数据，构建起三维数字空间的城市信息有机综合体。

《城市信息模型（CIM）基础平台技术导则》（修订版）除了从上述数据层面给出城市信息模型定义外，还从平台和应用层面，对 CIM 基础平台进行了定义：城市信息模型基础平台（CIM 基础平台）是管理和表达城市立体空间、建筑物和基础设施等三维数字模型，支撑城市规划、建设、管理、运行工作的基础性操作平台，是智慧城市的基础性和关键性信息基础设施。

综上所述，CIM 作为建筑信息模型（BIM）、地理信息系统（GIS）、物联网（IoT）三者的融合体，将数字化技术的应用从单体工程尺度延展到更大范围的城市尺度，从静态、准静态的空间模型数字化表达拓展到动静态相结合、实时在线化的城市数字化表达，对物理城市实施 1∶1 实时仿真、全要素映射到数字空间，这使得在虚拟空间中构建物理城市的数字孪生体成为可能。

本书对 CIM 的定义和内涵为：CIM 是指以建筑信息模型（BIM）、地理信息系统（GIS）、物联网（IoT）等数字化技术为基础，融合城市地上地下、室内室外、历史现状未来等多源异构数据，形成城市信息模型，实现城市全要素、全参与方、全过程（简称“三全”）的数字化、在线化、智能化（简称“三化”），构建城市的数字孪生体，推动城市新治理、民生新服务、产业新发展、智慧新生态（简称“四新”）的城市数字化转型，实现城市的高质量发展，让城市更美好。CIM 概念框架图如图 1.1 所示。

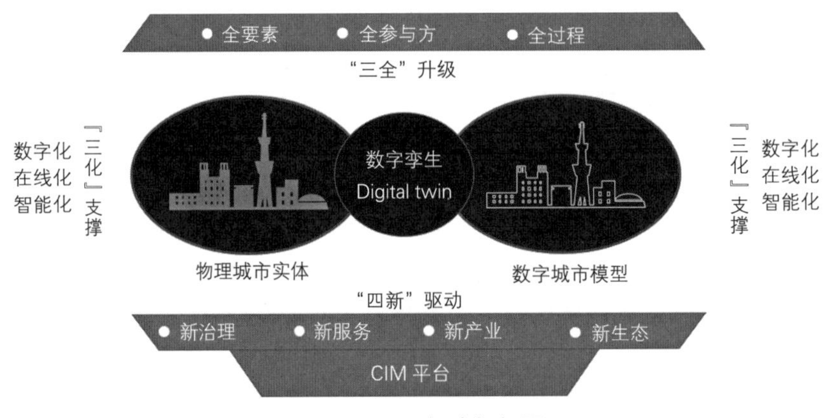

图 1.1　CIM 概念框架图

“三全”：全要素（包括产、城、人、环等城市核心要素）、全参与方（包括政府、企业和公众）、全过程（包括城市的规划、建设、管理、运营服务，城市的历史、现在和未来）

“三化”：数字化是基础，是围绕城市本体实现全过程、全要素、全参与方的数字化解构过程；在线化是关键，即通过泛在连接、实时在线、数据驱动，实现虚实有效融合的数字孪生的链接与交互；智能化是核心，即通过全面感知、深度认知、智能交互、自我进化，基于数据和算法逻辑无限扩展，实现城市以虚控实、虚实结合进行决策与执行的智能化革命。

“四新”：新治理面向城市治理领域，通过构建“一网统管”等智慧应用，实现“细胞级”城市精细化治理；新服务面向民生服务领域，通过“一网通办”等智慧应用，为公众提供高效的政务服务、社区服务等；新产业面向产业发展领域，通过智慧园区、智慧经济等应用，促进产业高质量发展；新生态面向生态治理领域，通过水生态、大气生态等智慧应用，实现城市生态环境“双碳”目标。

1.1.2　CIM 的本质特征

CIM 以二三维一体化的城市 GIS 信息为基础，叠加城市建筑、地上地下设施的 BIM 信息以及城市物联网（IoT）信息，构建起三维数字空间的城市信息模型，是构建数字孪生城市的基础和关键信息。CIM 的本质是构建城市数字孪生体，具体有如下 3 个特征。

（1）技术融合

CIM 是多种技术的深度融合。城市综合治理是一项复杂的系统工程，单个技术不足以解决城市综合管理的问题。通过 CIM 平台，可以融合 BIM、三维 GIS、大数据、云计算、物联网（IoT）、模拟仿真等先进数字技术，同步形成与实体城市“孪生”的数字城市。其中，BIM 技术构建小场景精细化建筑信息模型；GIS 技术提供大场景时空数据；大数据提供数据融合及分析能力；云计算提供计算环境支撑；物联网实时感知城市运行状态；模拟仿真提供基于融合数据的时空推演能力。CIM 平台通过融合多种数字化技术，打造城市数字孪生体的时空载体，包含了地上、地面、地下，过去、现在、未来全时空信息，为政府治理、社会民生和产业发展等提供数据决策依据，支撑城市规划、建设、管理、运营服务等垂直应用，全方位构筑城市治理综合体，服务智慧城市创新发展，使城市生命体更加智能。

（2）数据融合

CIM 是多源异构数据的融合。智慧城市应用需要有效管理和融合城市空间模型数据和非空间模型数据（如智能感知数据、业务数据库等数据），支持不同来源、不同类型的城市数据信息的统一数据接入、数据访问服务。CIM 从多源异构的城市空间与非空间模型数据的融合与表示出发，研究空间模型数据、智能感知数据、业务应用数据、文件及视频等多源异构数据的统一表示、统一接入和数据处理、异构数据的统一管理、统一计算分析等技术。

（3）业务融合

CIM 是技术与城市治理业务的融合。CIM 是以城市信息数据为基础，建立三维城市空间模型和城市信息的有机综合体。CIM 是“大场景 GIS 数据 + 小场景 BIM 数据 + 物联网数据”的有机结合，属于智慧城市建设的基础数据。城市管理是个系统工程，CIM 技术也在不断发展，CIM 技术的发展和城市发展需要相互促进、相生共融、彼此依赖、共同发展。CIM 平台赋能包含城市规划、建设、管理、运营服务在内的城市发展全领域，在实施路径上需跨界联合各相关领域，发挥各领域优势赋能业务融合作用，搭建城市智能中枢，实现“部门通”“系统通”“数据通”，优化城市管理原有的生产关系，最终形成城市发展的反馈、决策、治理的新型智慧城市建设完整闭环，为公众创造更美好的生活，促进城市的和谐可持续发展。

1.1.3 CIM的相关概念

1）建筑信息模型

建筑信息模型（BIM）是创建并利用数字化模型对建筑工程项目进行设计、建造和运营全过程进行管理、优化的方法和工具。BIM模型以建筑工程项目的各项相关信息为基础，集成建筑物所有的几何形状、功能和结构信息，通过数字信息模型模拟建筑物所具有的真实信息，是针对建筑物实体及其功能特性的数字化表达。BIM模型包含建筑工程项目从策划设计、建造施工到运行维护全生命周期的所有信息，并将这些信息存储在同一个模型中。它具有信息完备性、信息关联性、信息一致性、可视化、协调性、模拟性、优化性和可出图性等特点。

BIM的应用可以使建筑项目的设计、建造、运营单位等所有参与方在建筑策划设计、建造施工到运行维护的整个生命周期，都能够在三维可视化模型中反馈信息和在信息中操作模型，进行协同工作，从根本上改变依靠文字、符号等形式表达的蓝图进行项目建设和运营管理的工作方式，实现在建筑项目全生命周期内提高工作效率和质量、降低资源消耗、节约成本、减少错误和降低风险的目标。

CIM与BIM分别面向城市对象和建筑对象。如果把城市看作一个复杂的“有机体”，那么建筑就是单个“细胞”。BIM赋予CIM更具象的信息、更微观的应用，聚焦工程项目建设，以信息化、数字化的手段驱动建设过程管理全面升级以及向资产运维的数据沉淀；CIM面向城市管理与城市运行，实现基于数字孪生的智慧城市应用。BIM为基于CIM的城市管理场景提供了更加具象的解决方案，如基于BIM的规划报建智能审批、施工图智能审查、工程项目建设管理、施工仿真模拟等应用。通过审查审批的BIM模型可用于更新CIM数据，源源不断地提供精细化建筑信息模型，积累城市数字资产，推动CIM+智慧应用。总的来说，CIM与BIM是宏观与微观、整体与局部的关系。

2）地理信息系统

地理信息系统（GIS）是一种特定的十分重要的空间信息系统。地理信息是指与所研究对象的空间地理分布有关的信息，它表示地表物体及环境固有的数量、质量、分布特征、联系和规律。GIS是在计算机硬、软件系统支持下，对地球表层空间中的有关地理分布数据进行采集、储存、管理、运算、分析、显示和描述的技术系统。GIS可以对空间信息进行分析和处理，将地图这种独特的视觉化效果和地理分析功能与一般的数据库操作（如查询和统计分析等）集成在一起。

CIM与GIS是相辅相成、相互呼应的关系。在城市范畴中，GIS具有如下4点功能：

①提供二维和三维的基础底图和统一的坐标体系。

②连接每一个单体 BIM 模型（如市政地下管线、轨道交通、单体建筑等）。

③实现空间分析和管理。

④对规模性建筑群 BIM 数据进行管理。

前三个是 GIS 的传统功能，发展相对比较成熟，最后一个是 CIM 对 GIS 提出的新要求和新挑战。在 CIM 范畴内，GIS 要集成 BIM 数据，并与 BIM 无缝融合，实现城市范围内海量大规模 BIM 模型数据的管理、加载和三维渲染呈现。从一定意义上讲，CIM 技术是集大成者，汇聚了 BIM 与 GIS 的优势，将宏观大场景的 GIS 数据的存储、管理和分析与微观小场景的 BIM 数据可视化、数据存储和数据调度相结合，实现二者优势互补。

3）实景三维

实景三维（3D Real Scene）是近年来自然资源行业领域出现的一个新概念。根据自然资源部 2021 年发布的《实景三维中国技术大纲（2021 版）》，实景三维的定义为：实景三维是对人类生产、生活和生态空间进行真实、立体、时序化反映和表达的数字虚拟空间，是新型基础测绘标准化产品，是国家新型基础设施建设的重要组成部分，为经济社会发展和各部门信息化提供统一的空间基底。实景三维通过在三维地理场景上承载结构化、语义化和物联实时感知的地理实体进行构建，按照表达内容通常分为地形级、城市级和部件级。

CIM 与实景三维有相似之处，即二者都包含了宏观大场景的 GIS 数据、微观小场景的实体、部件三维模型以及 IoT 数据。二者的不同之处体现在以下 3 个方面。

（1）应用领域

在应用领域方面，实景三维源自国土空间规划、自然资源调查监测、自然资源政务服务等自然资源行业领域的管理需要；CIM 的出现则源于对城市这个复杂庞大的系统智慧管理的需要，要满足城市规划、建设、管理和运营服务全过程的智慧管理需求。

（2）数据内容

在数据内容方面，实景三维是借助虚拟空间对客观世界的三维真实表达，其核心点就是“三维”与“真实”，重点是新型测绘成果的应用，不包含 BIM 数据。而 CIM 是综合 BIM 和 GIS 构成的虚拟城市，其核心点是“完整”与“关联”，是一个城市的整体，且每个三维实体间是有关联的，可分可合，系统也更为复杂。

（3）应用场景

在应用场景方面，实景三维的应用重点围绕自然资源领域山水林田湖草及城市、乡村的各类资源、基础设施的资产数字化和数据查询管理，空间范围较广，应用条线相对清晰。而 CIM 的应用涉及城市规划、建设、管理和运营服务全过程，涵盖的城市数字资产和业务对象种类繁多，其应用场景也是开放式的、不断演进和发展的，并且应用的复杂度和深度要远远超过实景三维。

4）数字孪生城市

根据美国国家航空航天局（National Aeronautics and Space Administration，NASA）

的定义，数字孪生是指充分利用物理模型、传感器、运行历史等数据，集成多学科、多物理量、多尺度、多概率的仿真过程，在虚拟空间中完成映射，从而反映相对应的实体装备的全生命周期过程。数字孪生是一种超越现实的概念，将现实世界的物理体、系统以及流程等复制到数字空间，构建虚拟世界的“数字克隆体”，在虚实之间形成一种双向映射、动态交换和有机联系的“数字孪生体”。

2017 年底，中国信息通信研究院在国内首先提出了“数字孪生城市”的概念，将“数字孪生”的理念引入智慧城市领域，将数字孪生城市作为技术演进与需求升级驱动下新型智慧城市建设发展的一种新理念、新途径、新思路，并在 2018 年发布的《数字孪生城市研究报告（2018 年）》中正式提出“数字孪生城市”的概念：数字孪生城市是支撑新型智慧城市建设的复杂综合技术体系，是城市智能运行持续创新的前沿先进模式，是物理维度上的实体城市和信息维度上的虚拟城市同生共存、虚实交融的城市未来发展形态。

数字孪生城市通过数据全域标识、状态精准感知、数据实时分析、模型科学决策、智能精准执行，实现城市的全息模拟、动态监控、实时诊断、精准预测和控制，解决城市规划、设计、建设、管理、服务闭环过程中的复杂性和不确定性问题，全面提高城市物质资源、智力资源、信息资源的配置效率并改善其运转状态，推动城市全要素数字化和虚拟化、全状态实时化和可视化、城市运行管理协同化和智能化，实现物理城市与数字城市协同交互、平行运转。

数字孪生城市的概念较为宏大、理念先进，但其本质并没有脱离智慧城市的范畴和总体架构，二者的区别在于内涵的延展、功能的增强和应用场景的扩充。可以认为，数字孪生城市是新型智慧城市建设发展的必由之路。

CIM 的出现，为数字孪生城市的构建和落地应用提供了技术手段和可行性。CIM 作为城市在虚拟空间的高精度、全要素数字化表达，是刻画城市细节，呈现城市运行状态，推演未来发展趋势的基础性、综合性信息模型，是实现数字孪生城市的核心和基础。而数字孪生城市的理念构想，也对 CIM 的发展提出了更高的要求，拓展了 CIM 的应用领域，对 CIM 的发展具有良好的牵引作用。

5）新型城市基础设施建设

新型城市基础设施建设（简称“新城建”）源自新型基础设施建设（简称“新基建”）。2018 年 12 月，中央经济工作会议首次提出“新型基础设施建设”的概念。新型基础设施建设（“新基建”）主要包括 5G 基站建设、特高压、城际高速铁路和城市轨道交通、新能源汽车充电桩、大数据中心、人工智能、工业互联网 7 大领域。2020 年 8 月，住房和城乡建设部会同中央网信办等部门印发《关于加快推进新型城市基础设施建设的指导意见》，提出加快推进基于信息化、数字化、智能化的新型城市基础设施建设（“新城建”），以“新城建”对接“新基建”，引领城市转型升级，推进城市现代化。

“新城建”主要包括如下 7 大重点任务。

①全面推进城市信息模型（CIM）基础平台建设。

②实施智能化市政基础设施建设和改造。

③协同发展智慧城市与智能网联汽车。

④建设智能化城市安全管理平台。

⑤加快推进智慧社区建设。

⑥推动智能建造与建筑工业化协同发展。

⑦推进城市运行管理服务建设。

CIM 是“新城建”的重要组成部分和重点建设内容之一。一方面，CIM 作为整个城市发展的基础信息底座，可以构成城市三维空间的数字底板，为“新城建”提供多维、立体、动态的基础模型和基础操作平台；另一方面，CIM 的建设可以为“新城建”领域的智能化市政基础设施监测管理、智慧城市与智能网联汽车的“车城网”平台、城市安全管理，智慧社区综合治理、智慧工地以及城市运行管理服务等应用场景的创新、深化应用和示范提供基础数据和平台支撑，对“新城建”的建设起到有力的促进作用。

1.1.4　CIM 的整体框架

CIM 的整体框架涵盖设施层、数据层、平台层、应用层、用户层五个层次和政策法规与标准规范、运维管理与安全防护构建的两大体系，CIM 业务功能架构图如图 1.2 所示。

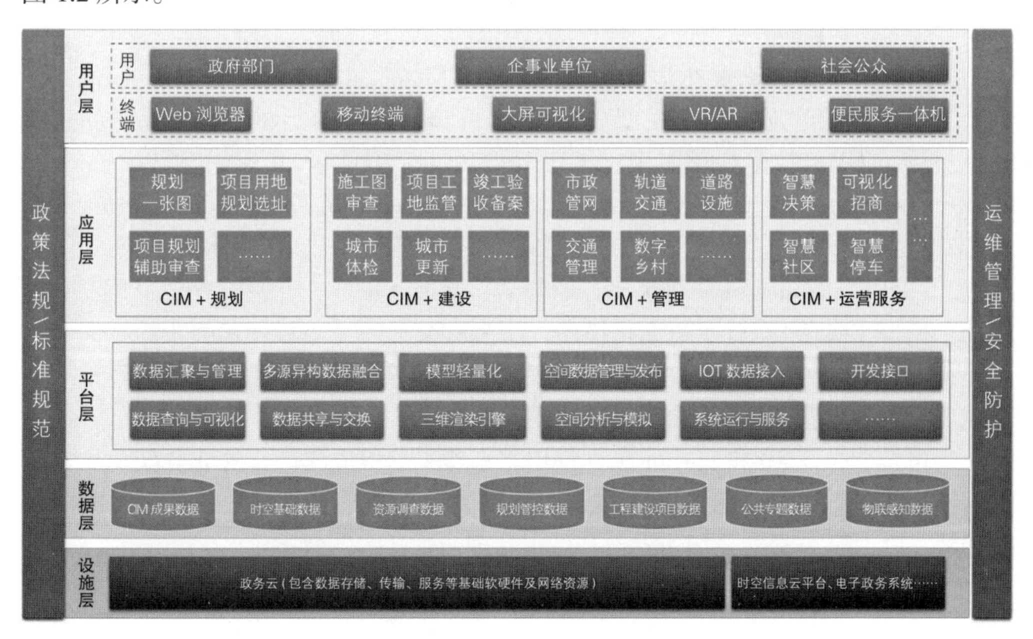

图 1.2　CIM 业务功能架构图

①设施层。该层涵盖云网端基础设施和时空信息云平台、电子政务系统等，是CIM应用的数据来源和数据采集层。

②数据层。该层涵盖时空基础数据、资源调查数据、规划管控数据、工程建设项目数据、公共专题数据、物联感知数据和由以上数据生成的CIM成果数据。数据层集成多源异构的CIM数据，为CIM+应用提供数据支撑。

③平台层。该层即为CIM基础平台，提供包含数据汇聚与管理、多源异构数据融合、数据查询与可视化、数据共享与交换、模型轻量化、空间分析与模拟、三维渲染引擎、空间数据管理与发布、IoT数据接入、系统运行与服务、开发接口等功能服务，为上层CIM+应用提供平台能力支撑。

④应用层。该层为基于CIM基础平台并实现涵盖整个城市的规划、建设、管理与运营服务全过程的CIM+业务应用，助力实现城市“规建管运”全过程的智慧化提升、精细化管理。

⑤用户层。该层面向政府部门、企事业单位、社会公众等不同用户类型，可基于Web端、移动端、大屏端、VR/AR等不同终端实现业务功能，便于不同类型的应用和用户场景的组合定制，服务于城市的各阶层用户。

1.2 CIM的发展演变历程

1.2.1 CIM在国外的发展

CIM的概念首先出现在学术界。2007年，Khemlani在Autodesk University 2007大会上首次提出“城市信息模型”（CIM）的概念，希望能够将日渐成熟的建筑信息模型（BIM）技术广泛应用于城市规划领域。2009年，Isikdag和Zlatanova在*Towards Defining a Framework for Automatic Generation of Buildings in City GML Using Building Information Models*一书中提到各种BIM的集合构成城市级别的信息模型。

2013年，Stojanovski从建筑学、地理学、交通运输学、社会学等多个角度对城市信息模型（CIM）进行了概念化描述，认为CIM是一个可以不断被更新定义、动态连接各对象的“块”系统，它由GIS发展演化而来，将自然地理变成关系地理，使城市中的各离散对象之间有了属性关联。

2014年，Xun Xu和Lieyun Ding提出将小型工程中应用广泛的BIM集成到大范围GIS（即IFC和CityGML）中构建CIM的方法框架，希望以集成BIM和GIS为发展趋势，以CIM新概念为城市建设和城市管理带来巨大的效益。

近几年国际学术界对CIM的研究没有局限于对其概念的描述和定义，也有学者对CIM理论的具体实施与落实开展了研究。例如，AL Furjani等研究了CIM如何利用Open street map（OSM）数据提供的地理信息和空间数据集并应用于三维城市模型构建，以规避遥感数据集在城市区域数字化过程中的局限性；H. C. Melo 等将 CIM 的概念应用于巴西城市污水处理基础设施管理，利用 Python 开发工具和 GIS 软件建立地下污水处理管网系统立体化模型，该模型不仅可以对污水处理数据进行记录和实时反馈，而且可以智能化地纠正管网运行状态。

伴随着 CIM 概念的出现与发展，国外工业界也在同步推进 CIM 技术的研发与应用。如 Autodesk 公司通过开发智能建模工具 InfraWorks 构建了哥伦布市区模型；Bentley 通过提供集成城市环境的地上和地下信息数据与模型，收集城市公用事业基础设施模型，提供了 3D 城市解决方案；德国的 virtualcity SYSTEMS 公司开发的产品 Cityzenith 可用于收集、管理、分发和使用 3D 城市和景观模型；瑞士的 Smarter Better Cities 公司聚焦于可视化城市模型，开发在线平台 Cloud Cities，用于共享和展示智能 3D 城市模型。

在政府层面，欧美发达国家的 CIM 研究与应用主要是围绕 BIM、智慧城市开展。如英国政府发布"数字建造英国"（Digital Built Britain）战略计划，将 BIM 与智慧城市相结合。该战略计划沿用英国 BIM Task Group 主席 Mark Bew 给出的"BIM 成熟度"（BIM Levels of Maturity）的模型，由低到高划分为 BIM Level 0—BIM Level 3 四个层面。其中，BIM Level 3 让城市的框架——基础设施与建筑彻底数字化，结合物联网，成为智慧城市的载体。BIM Level3 成为英国建筑行业数字化以及参与智慧城市的根基。

在亚洲，日本、韩国、新加坡等国家都将通过 CIM 技术打造智慧城市作为城市发展新路线，例如新加坡一直以来都将建立"智慧国家"的目标置于国家战略高度上，顶层设计推动并设立长期发展规划。"虚拟新加坡"实际上就是基于数字孪生理念，完全依照真实物理世界中的新加坡，建造一个可感知动态信息的三维城市模型和协作平台。

总体而言，CIM 在国际上的发展正处于从概念向应用落地的研究探索阶段，尽管国际上对 CIM 尚无权威的定义，但将 CIM 概念与智慧城市相结合，将 CIM 应用于智慧城市已成为趋势。

1.2.2　CIM 在国内的发展

CIM 在国内起源于对 BIM 的概念延展，发展演变的时间不长，其内涵和外延一直处于探索期。基于 2010 年上海世博会的规划设计实践，2010 年吴志强院士首创世博园区智能模型（Campus intelligent model），并于 2011 年正式提出了"城市智能模型"（City intelligent model）的概念。他认为 CIM 中间的"I"是指"intelligent"（智能），CIM 不仅包括对城市数据的收集、存储和处理，更应强调基于多维模型的数据应用，以解决城市发展过程中的问题。吴院士提出的 CIM 概念，把视野从单体建筑提升到建筑群、城市级，从微观建筑个体信息研究升级为宏观信息集成。

2016 年后，随着智慧城市、大数据、物联网等新型关键技术的大量涌现和不断发展，国内相关学术界、行业专家也结合智慧城市、数字建筑、数字孪生城市等理念从多个角度给出对 CIM 概念的理解。大部分行业专家学者形成一个较为主流的观点，认为 CIM 是在 BIM 的基础上发展演变而来，结合当前的技术水平和城市发展现状，CIM 从范围上被界定为“由宏观的地理信息空间数据（Geo-spatial data）、微观的建筑信息模型（BIM）以及物联网（IoT）组成的城市信息有机综合体”，意为“城市信息模型（City information modeling）”。

在 CIM 概念和理论发展的过程中，为了落实 CIM 实践应用，推进 BIM 智能化报建审批和 CIM 平台落地，住房和城乡建设部于 2018 年选取了广州、南京、厦门、雄安新区和北京城市副中心 5 个试点城市，率先开展运用建筑信息模型（BIM）进行工程项目审查审批和城市信息模型（CIM）平台建设工作，结合工程建设审批、国土空间规划、城市治理等业务，推进审批程序和管理方式的变革，探索 CIM 应用的价值，以期从实践中收获 CIM 理论经验。

上述迹象标志着我国正式从 CIM 概念探索阶段跨入 CIM 试点建设阶段。通过总结各地的 CIM 试点经验，住房和城乡建设部在 2020 年 9 月印发《城市信息模型（CIM）基础平台技术导则》，正式明确了 CIM、CIM 基础平台及其他 CIM 相关术语的定义，将 CIM 基础平台定位成智慧城市的基础平台，对 CIM 基础平台的功能、数据、运维和性能作出详细的规定和要求。2021 年，住房和城乡建设部又印发《城市信息模型（CIM）基础平台技术导则》（修订版）以及一系列和 CIM 相关的数据和技术标准规范，由此结束了我国对 CIM 定义界定模糊的探讨期，CIM 在国内进入快速发展阶段。

在 CIM 领域，目前国内已经形成理论探索、标准编制、技术研发、实际项目落地同步进行的局面。在项目实践上，据不完全统计，2021 年 1 月—2022 年 5 月的 50 项 CIM 相关招标项目信息见表 1.1。从项目覆盖区域来看，从国家、省（自治区、直辖市）、市、区县到新城新区甚至社区都有涉及，不仅北京、广州、深圳、苏州、杭州等基础较好的发达地区在开展 CIM 建设，随着 CIM 概念的不断拓展，中西部等信息化基础较薄弱的地区也都开始进行 CIM 建设探索。从项目应用类型来看，CIM 项目也在持续增加，呈现多样化的发展趋势。

表 1.1　2021 年 1 月—2022 年 5 月部分地区 CIM 建设项目信息

序号	所属地区 / 部委		项目名称	发布时间
1	山东	济南	大涧沟片区数字孪生城市信息模型（CIM）基础平台一期：数据视觉管理系统	2021 年 1 月
2	福建	福州	福州市时空信息公共服务平台（二期）项目（福州市 CIM 基础平台）服务类采购项目	2021 年 1 月
3	山东	青岛	上合示范区城市信息模型 (CIM) 基础平台建设项目	2021 年 2 月
4	浙江	岱山	岱山经济开发区 CIM 平台（一期）	2021 年 4 月
5	浙江	杭州	桐庐县智慧治理 CIM 系统项目一期	2021 年 6 月

续表

序号	所属地区 / 部委		项目名称	发布时间
6	云南	昆明	昆明市三维城市信息模型（CIM）与建筑风貌管控平台	2021 年 6 月
7	浙江	杭州	基于 CIM 虚拟现实场景模型的临安中心城区数字化空间智治平台	2021 年 6 月
8	广东	广州	2021 年广州市中心城区三维现状信息模型建设二期项目	2021 年 6 月
9	江苏	苏州	苏州市城市信息模型（CIM）基础平台	2021 年 7 月
10	浙江	杭州	富春未来城数字孪生城市一期 CIM 平台项目	2021 年 7 月
11	广东	深圳	空港新城三维地质信息模型及 CIM 规建协调平台	2021 年 7 月
12	湖南	常德	常德市城市信息模型（CIM）基础平台项目	2021 年 7 月
13	北京	北京	BIM 软件与 CIM 平台集成开发公共服务平台	2021 年 8 月
14	广东	深圳	空港新城三维地质信息模型及 CIM 规建协调平台	2021 年 8 月
15	江苏	苏州	苏州市城市信息模型（CIM）基础平台建设（一期）	2021 年 8 月
16	吉林	长春	净月城市信息模型 - 基础软件平台	2021 年 9 月
17	广东	佛山	佛山市城市信息模型（CIM）基础平台项目	2021 年 9 月
18	浙江	乐清	乐清市全域蝶变数智孪生综合系统项目	2021 年 9 月
19	江苏	昆山	数字昆山公共智慧底座项目	2021 年 10 月
20	浙江	杭州	CIM 基础信息平台软件开发项目	2021 年 10 月
21	广东	深圳	妈湾智能城市建设一期 CIM 基础平台开发	2021 年 10 月
22	浙江	杭州	桐庐经济开发区数字孪生城市 CIM 平台一期建设项目	2021 年 10 月
23	广东	广州	广州市城市信息模型（CIM）平台二期项目	2021 年 10 月
24	陕西	西安	沣西新城丝路科创谷 B-G 板块 CIM 城市模型搭建项目	2021 年 11 月
25	山东	济南	济南市城市信息模型（CIM）基础平台（一期）	2021 年 11 月
26	浙江	绍兴	上虞南丰未来社区 CIM 平台及可视化项目	2021 年 11 月
27	山东	青岛	青岛市 CIM 基础平台建设项目	2021 年 11 月
28	黑龙江	哈尔滨	哈尔滨新区江北一体化发展区 CIM 基础平台及智慧管网信息系统项目	2021 年 11 月
29	住建部		住房和城乡建设部信息中心 BIM 软件与 CIM 平台集成开发公共服务平台、全国自然灾害综合风险普查基础设施资源扩充项目	2021 年 11 月

续表

序号	所属地区 / 部委		项目名称	发布时间
30	甘肃	兰州	兰州市城市信息模型（CIM）基础平台建设试点项目	2021 年 11 月
31	山东	临沂	临沂市高铁片区 CIM 城市信息聚合规建管（二期）大数据平台	2021 年 12 月
32	山东	烟台	烟台市芝罘区幸福新城 CIM 平台建设项目	2021 年 12 月
33	黑龙江省		黑龙江省城市信息模型（CIM）基础平台（一期）建设项目	2021 年 12 月
34	四川	成都	成都市新津区公园城市建设局新津区城市信息模型（CIM）规建管运系统建设服务项目	2022 年 1 月
35	江苏	南京	南部新城智慧城市 CIM 及应用建设	2022 年 1 月
36	山东	临沂	临沂市高铁片区 CIM 城市信息聚合规建管（二期）大数据平台	2022 年 2 月
37	甘肃	庆阳	庆阳市三维城市信息模型（CIM）应用系统建设项目	2022 年 3 月
38	浙江	杭州	西湖区 CIM 地图能力提升项目	2022 年 3 月
39	浙江	杭州	杭州市 CIM 基础信息平台二期	2022 年 3 月
40	山东	青岛	青岛市黄岛区 CIM 基础平台（一期）应用软件开发项目	2022 年 3 月
41	山东省		山东省省级 CIM 基础平台	2022 年 3 月
42	湖北	宜昌	宜昌市城市信息模型 (CIM) 基础平台项目	2022 年 3 月
43	江苏	南京	中电鸿信 CIM 三维可视化平台采购项目	2022 年 4 月
44	河北	沧州	沧州市地理空间大数据云平台（二期）（时空大数据平台和 CIM 平台）	2022 年 4 月
45	山东	青岛	青岛胶州湾北岸（河套、红岛）城市信息模型（CIM）基础平台项目	2022 年 4 月
46	江苏	苏州	姑苏区城市信息模型（CIM）平台数据及应用部分建设项目（一期）软件开发服务	2022 年 5 月
47	陕西	西咸新区	空港新城 CIM 数据底板建设采购项目	2022 年 5 月
48	江苏	常州	江苏省溧阳高新区 CIM+ 数字基座建设项目	2022 年 5 月
49	甘肃	华亭	华亭市城市信息模型 CIM 及智慧应用项目	2022 年 5 月
50	广东	广州	广州市住房城乡建设行业监测与研究中心 CIM 数据更新及三维数据整理服务项目	2022 年 5 月

1.3　CIM 的相关政策

CIM 的概念提出后，国家、部委、地方政府各层面纷纷出台相关政策、指导意见和标准，推动 CIM 在国内的落地发展。根据公开资料的不完全统计，到目前为止，在政府及相关部门公开发布的 CIM 政策及标准文件中，包括直接相关（标题中带有城市信息模型或 CIM 字样）及间接相关的文件（文中有提及城市信息模型或 CIM），合计 121 项。其中，直接提及关于推进 CIM 的政策文件中，部委文件 7 个，地方文件 4 个；间接提及关于推进 CIM 的政策文件中，部委文件 26 个，地方文件 84 个。

1.3.1　国家和部委出台的 CIM 相关政策

国务院办公厅、住房和城乡建设部、国家发展改革委等多个国家行业主管单位先后发布了多项政策文件和指导意见，以推动和促进 CIM 建设。

2018 年 11 月，住房和城乡建设部印发《关于开展运用 BIM 系统进行工程建设项目审查审批和 CIM 平台建设试点工作的函》（建城函〔2018〕222 号），将北京城市副中心、广州、南京、厦门、雄安新区一同列为运用 BIM 系统和 CIM 平台建设的试点。

2019 年 4 月，国家发展改革委在《产业结构调整指导目录（2019 年本）》（国家发改委令第 29 号）中，明确将以大数据、物联网、GIS 等为基础的城市信息模型（CIM）相关技术开发与应用，作为城镇基础设施鼓励性产业支持。

2019 年 6 月，住房和城乡建设部办公厅印发《关于开展城市信息模型（CIM）平台建设试点工作的函》，指出：请各地高度重视、各部门密切协作，加快开展城市信息模型（CIM）基础平台建设，确保按时完成各项目标任务。

2020 年 2 月，住房和城乡建设部办公厅印发《关于印发 2020 年部机关及直属单位培训计划的通知》（建办人〔2020〕4 号），将城市信息模型（CIM）纳入住房和城乡建设部机关直属单位培训计划。

2020 年 4 月，住房和城乡建设部办公厅印发《关于组织申报 2020 年科学技术计划项目的通知》（建办标函〔2020〕185 号），将 CIM 作为重点申报方向之一。

2020 年 6 月，住房和城乡建设部、工业和信息化部、中央网信办联合印发《关于开展城市信息模型（CIM）基础平台建设的指导意见》（建科〔2020〕59 号），提出：建设基础性、关键性的 CIM 基础平台，构建城市三维空间数据底板，全面推进 CIM 基础平台建设和 CIM 基础平台在城市规划建设管理领域的广泛应用，提升城市精细化、智慧化管理水平；构建国家、省、市三级 CIM 基础平台体系；2020 年启动国家级和超大城市、特大城市 CIM 基础平台建设，2021 年启动省级和省会城市、部分中小城市 CIM 基础平台建设。

2020 年 7 月，住房和城乡建设部等十三部委联合印发《关于推动智能建造与建筑工业化协同发展的指导意见》（建市〔2020〕60 号），提出：探索建立大数据辅助科学决策和市场监管的机制，完善数字化成果交付、审查和存档管理体系。通过融合遥感信息、城市多维地理信息建筑及地上地下设施的 BIM、城市感知信息等多源信息，探索建立表达和管理城市三维空间全要素的城市信息模型（CIM）基础平台。

2020 年 8 月，住房和城乡建设部会同中央网信办等七部委联合印发《关于加快推进新型城市基础设施建设的指导意见》（建改发〔2020〕73 号），提出七大重点任务，明确要求加快推进基于信息化、数字化、智能化的新型城市基础设施建设（新城建），首要任务是全面推进城市信息模型（CIM）平台建设。

2020 年 8 月，住房和城乡建设部等九部委联合印发《关于加快新型建筑工业化发展的若干意见》（建标规〔2020〕8 号），提出：试点推进 BIM 报建审批和施工图 BIM 审图模式，推进与 CIM 平台的融通联动，提高信息化监管能力，提高建筑行业全产业链资源配置效率。

2020 年 9 月，自然资源部印发《市级国土空间总体规划编制指南（试行）》（自然资办发〔2020〕46 号），提出：基于国土空间基础信息平台，探索建立城市信息模型（CIM）和城市时空感知系统，促进智慧规划和智慧城市建设，提高国土空间精治、共治、法治水平。

2020 年 9 月，住房和城乡建设部印发《城市信息模型（CIM）基础平台技术导则》（建办科〔2020〕45 号），并于 2021 年 6 月发布该文件的修订版，成为目前行业内建设 CIM 基础平台的重要技术指导文件。此外，2021 年 4—5 月，住房和城乡建设部还制定并发布了一系列 CIM 的相关数据、技术标准及规范。

2020 年 9 月，国务院办公厅印发《关于以新业态新模式引领新型消费加快发展的意见》（国办发〔2020〕32 号），提出：推动城市信息模型（CIM）基础平台建设，支持城市规划建设管理多场景应用，促进城市基础设施数字化和城市建设数据汇聚。

2020 年 10 月，住房和城乡建设部印发《关于开展新型城市基础设施建设试点工作的函》（建改发函〔2020〕152 号），确定重庆、太原等 16 个城市为首批入选的全国“新城建”试点城市，要求按照住房和城乡建设部等七部委印发的《关于加快推进新型城市基础设施建设的指导意见》要求，以城市信息模型（CIM）平台建设为基础，系统推进“新城建”各项任务。其中，CIM 平台建设为必选任务。

2020 年 12 月，住房和城乡建设部等六部委联合印发《关于推动物业服务企业加快发展线上线下生活服务的意见》（建房〔2020〕99 号），提出：建设智慧物业管理服务平台，对接城市信息模型（CIM）和城市运行管理服务平台，链接各类电子商务平台；引入政务服务和公用事业服务数据资源，利用 CIM 基础平台，为智慧物业管理服务平台提供数据共享服务。

2020 年 12 月，住房和城乡建设部印发《关于加强城市地下市政基础设施建设指导意见》（建城〔2020〕111 号），提出：有条件的地区要将综合管理信息平台与 CIM 基础平台深度融合，与国土空间基础信息平台充分衔接，扩展完善实时监控、模拟仿真、事故预警等功能，逐步实现管理精细化、智能化、科学化。

2021 年 2 月，中共中央、国务院印发《国家综合立体交通网规划纲要》，提出：推动智能网联汽车与智慧城市协同发展，建设城市道路、建筑、公共设施融合感知体系，打造基于城市信息模型平台、集城市动态静态数据于一体的智慧出行平台。

2021 年 3 月，国务院发布《中华人民共和国国民经济和社会发展第十四个五年规划和 2035 年远景目标纲要》，将 CIM 建设纳入国家"十四五"规划和 2035 年远景目标纲要，提出：分级分类推进新型智慧城市建设，完善城市信息模型平台和运行管理服务平台，探索建设数字孪生城市。

2021 年 3 月，国家发展改革委等二十八部委联合发布《关于印发〈加快培育新型消费实施方案〉的通知》（发改就业〔2021〕396 号），将 CIM 作为新一代信息基础设施，提出：推动城市信息模型（CIM）基础平台建设，支持城市规划建设管理多场景应用，促进城市基础设施数字化和城市建设数据汇聚。

2021 年 4 月，国务院办公厅印发《关于加强城市内涝治理的实施意见》（国办发〔2021〕11 号），要求将城市内涝治理与 CIM 相结合，提出：建立完善城市综合管理信息平台，满足日常管理、运行调度、灾情预判、预警预报、防汛调度、应急抢险等功能需要；有条件的城市，要与城市信息模型（CIM）基础平台深度融合，与国土空间基础信息平台充分衔接。

2021 年 5 月，国家发展改革委等四部委联合印发《关于推动城市停车设施发展的意见》（国办函〔2021〕46 号），将停车信息平台与 CIM 相结合，提出：支持有条件的地区推进停车信息管理平台与城市信息模型（CIM）基础平台深度融合。

国家和部委出台的 CIM 相关政策汇总如表 1.2 所示。

表 1.2　国家和部委出台的 CIM 相关政策

序号	政策名称	发布机关	时间	内容摘要
1	《关于开展运用 BIM 进行工程建设项目审查审批和 CIM 平台建设试点工作的函》	住房和城乡建设部	2018 年 11 月	将北京城市副中心、广州、厦门、雄安新区、南京列入"运用建筑信息模型（BIM）进行工程项目审查审批和城市信息模型（CIM）平台建设"试点城市
2	《工程建设项目业务协同平台技术标准》（CJJ/T 296—2019）	住房和城乡建设部	2019 年 3 月	CIM 应用应包含辅助工程建设项目业务协同审批功能，可包含辅助城市智能化运行管理功能
3	《关于开展城市信息模型（CIM）平台建设试点工作的函》	住房和城乡建设部	2019 年 6 月	请各地高度重视、各部门密切协作，加快开展城市信息模型（CIM）基础平台建设，确保按时完成各项目标任务

续表

序号	政策名称	发布机关	时间	内容摘要
4	《产业结构调整指导目录（2019年本）》	国家发展改革委	2019年10月	将基于大数据、物联网、GIS等为基础的城市信息模型（CIM）相关技术开发与应用，作为城镇基础设施鼓励性产业支持
5	《关于印发2020年部机关及直属单位培训计划的通知》	住房和城乡建设部	2020年2月	将城市信息模型（CIM）纳入住房和城乡建设部机关直属单位培训计划
6	《关于组织申报2020年科学技术计划项目的通知》	住房和城乡建设部	2020年4月	将城市信息模型（CIM）作为重点申报方向之一
7	《关于开展城市信息模型（CIM）基础平台建设的指导意见》	住房和城乡建设部、工业和信息化部、中央网信办	2020年6月	建设基础性、关键性的CIM基础平台，构建城市三维空间数据底板，全面推进CIM基础平台建设和CIM基础平台在城市规划建设管理领域的广泛应用，提升城市精细化、智慧化管理水平；构建国家、省、市三级CIM基础平台体系；2020年启动国家级和超大城市、特大城市CIM基础平台建设，2021年启动省级和省会城市、部分中小城市CIM基础平台建设
8	《关于推动智能建造与建筑工业化协同发展的指导意见》	住房和城乡建设部等十三部委	2020年7月	通过融合遥感信息、城市多维地理信息建筑及地上地下设施的BIM、城市感知信息等多源信息，探索建立表达和管理城市三维空间全要素的城市信息模型（CIM）基础平台
9	《关于加快推进新型城市基础设施建设的指导意见》	住房和城乡建设部等七部委	2020年8月	全面推进城市信息模型（CIM）平台建设。深入总结试点经验，在全国各级城市推进CIM平台建设，打造智慧城市的基础平台
10	《关于加快新型建筑工业化发展的若干意见》	住房和城乡建设部等九部委	2020年8月	试点推进BIM报建审批和施工图BIM审图模式，推进与城市信息模型（CIM）平台的融通联动，提高信息化监管能力，提高建筑行业全产业链资源配置效率
11	《市级国土空间总体规划编制指南（试行）》	自然资源部	2020年9月	基于国土空间基础信息平台，探索建立城市信息模型（CIM）和城市时空感知系统，促进智慧规划和智慧城市建设，提高国土空间精治、共治、法治水平

续表

序号	政策名称	发布机关	时间	内容摘要
12	《城市信息模型（CIM）基础平台技术导则》	住房和城乡建设部	2020 年 9 月	对城市信息模型（CIM）基础平台的定义、构成、特性、功能组成、平台数据体系、平台运维软硬件环境、维护管理、安全保障、平台性能要求等做出了明确的说明，是城市级 CIM 基础平台及其相关应用建设和运维的技术指导
13	《关于以新业态新模式引领新型消费加快发展的意见》	国务院办公厅	2020 年 9 月	推动城市信息模型（CIM）基础平台建设，支持城市规划建设管理多场景应用，促进城市基础设施数字化和城市建设数据汇聚
14	《关于开展新型城市基础设施建设试点工作的函》	住房和城乡建设部	2020 年 10 月	全面推进 16 个 CIM 城市列为新型城市基础设施建设试点城市，以城市信息模型（CIM）平台建设为基础，系统推进“新城建”各项任务。其中，CIM 平台建设为必选任务
15	《关于推动物业服务企业加快发展线上线下生活服务的意见》	住房和城乡建设部等六部委	2020 年 12 月	建设智慧物业管理服务平台，对接城市信息模型（CIM）和城市运行管理服务平台，链接各类电子商务平台；引入政务服务和公用事业服务数据资源，利用 CIM 基础平台，为智慧物业管理服务平台提供数据共享服务
16	《关于加强城市地下市政基础设施建设的指导意见》	住房和城乡建设部	2020 年 12 月	有条件的地区要将综合管理信息平台与 CIM 基础平台深度融合，与国土空间基础信息平台充分衔接，扩展完善实时监控、模拟仿真、事故预警等功能，逐步实现管理精细化、智能化、科学化
17	《国家综合立体交通网规划纲要》	中共中央、国务院	2021 年 2 月	推动智能网联汽车与智慧城市协同发展，建设城市道路、建筑、公共设施融合感知体系，打造基于城市信息模型平台、集城市动态静态数据于一体的智慧出行平台
18	《中华人民共和国国民经济和社会发展第十四个五年规划和 2035 年远景目标纲要》	国务院	2021 年 3 月	分级分类推进新型智慧城市建设，完善城市信息模型平台和运行管理服务平台，探索建设数字孪生城市

续表

序号	政策名称	发布机关	时间	内容摘要
19	《关于印发〈加快培育新型消费实施方案〉的通知》	国家发展改革委等二十八部委	2021 年 3 月	推动城市信息模型（CIM）基础平台建设，支持城市规划建设管理多场景应用，促进城市基础设施数字化和城市建设数据汇聚
20	《关于加强城市内涝治理的实施意见》	国务院办公厅	2021 年 4 月	建立完善城市综合管理信息平台，整合各部门防洪排涝管理相关信息，在排水设施关键节点、易涝积水点布设必要的智能化感知终端设备，满足日常管理、运行调度、灾情预判、预警预报、防汛调度、应急抢险等功能需要；有条件的城市，要与城市信息模型（CIM）基础平台深度融合，与国土空间基础信息平台充分衔接
21	《关于推动城市停车设施发展意见的通知》	国家发展改革委等四部委	2021 年 5 月	支持有条件的地区推进停车信息管理平台与城市信息模型（CIM）基础平台深度融合
22	《城市信息模型（CIM）基础平台技术导则》（修订版）	住房和城乡建设部	2021 年 6 月	对 2020 年发布《城市信息模型（CIM）基础平台技术导则》进行修订，提出了 CIM 基础平台建设在平台构成、功能、数据、运维等方面的技术要求

1.3.2 地方政府出台的 CIM 相关政策

除了国家层面政策的积极推动外，全国各省市地方政府也纷纷发布 CIM 的相关政策和试点工作方案，推动 CIM 在各省市的落地试点实施。其中，在 CIM 和“新城建”试点城市和地区（如雄安新区、广州、南京、厦门等），以及沿海城市化与信息化发达地区，推动 CIM 建设的需求更加迫切，其政策覆盖领域和政策发布数量都更多，这些地区是目前 CIM 建设的重要引领地区。

河北雄安新区管委会率先印发《雄安新区工程建设项目招标投标管理办法（试行）》的通知，明确提出，在招投标活动中，全面推行建筑信息模型（BIM）、城市信息模型（CIM）技术，实现工程建设项目全生命周期管理；招标文件应合理设置，明确 BIM、CIM 等技术的应用要求。厦门市人民政府印发《运用 BIM 系统进行工程建设项目报建并与“多规合一”管理平台衔接试点工作方案的通知》。南京市人民政府办公厅印发《南京市运用 BIM 系统进行工程建设项目审查审批和 CIM 平台建设试点工作方案》。广州市住房和城乡建设局印发《广州市城市信息模型（CIM）

平台建设试点工作方案》。这些文件都致力于推动 CIM 技术在城市规划、建设、管理及实现城市高质量发展方面发挥重要作用，助力新型智慧城市的建设，全面提升城市空间治理的精细化水平。

重庆市也积极响应国家政策，先后出台了多个 CIM 相关政策。

2020 年 3 月，重庆市住房和城乡建设委员会印发《关于统筹推进城市基础设施物联网建设的指导意见》（渝建〔2020〕18 号），提出：加快建立开放式 CIM 平台，为城市建设管理决策提供支撑；全力打造以“GIS+BIM+AIoT”为核心的自生长、开放式 CIM 平台，协调推进 CIM 平台标准体系建设，将物联网数据接入 CIM 平台。

2021 年 1 月，重庆市住房和城乡建设委员会印发《重庆市公共建筑物联网监测技术导则（征求意见稿）》（渝建函〔2021〕58 号），文件要求满足重庆市 CIM 相关的数据标准、监测信息应上传至重庆市 CIM 平台。

2021 年 3 月，重庆市住房和城乡建设委员会印发《2021 年建设科技与对外合作工作要点》（渝建科〔2021〕19 号），提出：推进智能运维，以数据赋能治理为核心，打造基于 BIM 基础软件的 CIM 平台，并逐步拓展城市级应用，建设基于数字孪生的新型智慧城市 CIM 示范项目。

2021 年 4 月，重庆市人民政府印发《加快发展新型消费释放消费潜力若干措施》（渝府办发〔2021〕41 号），提出：推动城市信息模型（CIM）基础平台在全市新型智慧城市建设、城市治理能力提升、城市规划建设管理等多场景应用。

2021 年 12 月，重庆市人民政府印发《重庆市新型城市基础设施建设试点工作方案》（渝府发〔2021〕140 号），提出：全面推进 CIM 基础平台建设，包括建设 CIM 基础平台，推进重点领域“CIM+”应用及开展区域级 CIM 应用试点等。

1.4　CIM 的意义

CIM 的出现，是对智慧城市的内涵延展和功能增强。同时，CIM 作为数字孪生城市的核心和基础，也是从智慧城市升级到数字孪生城市的基本前提和关键所在。

在城市规划前期，基于 CIM 整合城市历史、现状、资源等数据，可摸清城市家底并直观呈现，推动规划有的放矢、提前布局。同时，通过假设分析和模拟推演，能以更低的成本和更快的速度推动城市顶层设计落地，科学评估规划影响，避免不切实际的规划设计。

在城市规划阶段，基于 CIM 可全面整合导入城市总体规划、控制性详细规划、各专项规划（如土地、生态环境保护、市政专项、交通路网、产业经济等）及城市红线等规划数据，在数字空间实现叠加融合，可解决各规划的潜在冲突和不一致的问题，推进城市“多规合一”，实现城市“一张蓝图”发展，并随城市发展不断进行更新迭代。同时，基于 CIM 还可通过“软件定义”的方式，对各种规划方案进行空间计算、模拟仿真、推演，并以直观的方式进行可视化呈现，有效地实现规划方案的优化比选，降低城市试错成本，真正实现科学规划。

在城市勘察设计阶段，基于CIM可对城市各项设计方案进行多方协同审查，开展协同设计，提升质量和效率；也可基于CIM进行数值模拟、空间分析、功能模拟优化和可视化表达，构建工程勘察信息数据库，实现工程勘察信息的有效传递和共享。

在城市建设阶段，基于CIM可对工程项目从图纸、施工到竣工交付全过程进行监管，对重大项目进度、资金、质量、安全、绿色施工、原材料、劳务和协同协作进行数字化监管，实现动态、集成和可视化施工管理，确保重大工程项目按时、高质、安全交付。让每一个竣工的建筑、基础设施等建设主体，都包括物理实体和数字虚体两大成果，可实时追踪、定位、分析在工程施工、交付、监管等环节的质量，实现各建造方的实时沟通、多方协同，建设成果的模型预先比对、实体多轮迭代，确保城市建设做到提质降本、绿色低碳、安全可靠。

在城市运行管理阶段，基于CIM集成城市各智能设施的物联感知数据，可实现对城市交通、能源、生态环境、城管等领域运行状况的实时监测和态势呈现，通过各领域各专业的数字模型、智能算法，实现快速响应、决策仿真、应急处置和智能操控，提升城市运行管理水平和应急处置能力，让城市运行更安全、可靠。

最后，在智慧城市项目效益评估方面，基于CIM可以通过定量与定性的方式建模分析城市交通路况、人流聚集分布、空气质量、水质指标等数据；决策者和评估者可快速直观地了解智慧化对城市环境、城市运行等状态监管的提升效果，评判智慧项目的建设效益，实现城市数据挖掘分析，辅助政府在今后的信息化、智慧化建设中实现科学决策，避免走弯路和重复建设及低效益建设。

第 2 章　CIM 关键技术

城市信息模型（CIM）在实践中的落地及其价值效益的充分发挥，有赖于 BIM、GIS、AI、云计算等一系列关键技术的支撑。本章主要围绕和聚焦影响 CIM 发展的关键性技术进行简要介绍。

2.1　城市空间模型快速构建技术

在 CIM 的落地实践中，鉴于城市规模庞大，很多城市建（构）筑物缺少三维模型，因此需要对城市空间模型实施成本较低、快速的构建技术，以实现三维空间的城市数字化。城市空间模型快速构建技术主要可分为 CAD 逆向建模和新型测绘技术。

1）CAD 逆向建模技术

由于大量的城市已建建筑物只有二维 CAD 图纸，没有三维模型，因此需要基于 CAD 图纸进行逆向建模，从而生成三维模型。若采用手工翻模的方式，从 CAD 图纸生成三维模型的效率太低、成本过高，因此需要采用 CAD 逆向建模技术，以提升逆向建模效率。CAD 逆向建模技术主要包括 CAD 图纸信息智能提取、模型构件智能识别和关联技术、自动化建模服务等。基于 AI 的 CAD 逆向建模技术原理图如图 2.1 所示。

（1）CAD 图纸信息智能提取技术

CAD 图纸信息智能提取技术能实现 CAD 二维矢量图纸的文本和表格的自动精准提取功能，并将提取的信息进行解析、结构化。

（2）模型构件智能识别和关联技术

模型构件智能识别和关联技术即运用人工智能（AI）技术，解析图形几何结构信息，识别构件的图形特征，如柱、墙、梁和板等的图形特征。同时，该技术还能进行目标定位检测，识别特定图形结构在整个图纸中的位置，通过机器学习模型分析并建立构件之间及模型整体的关联关系。

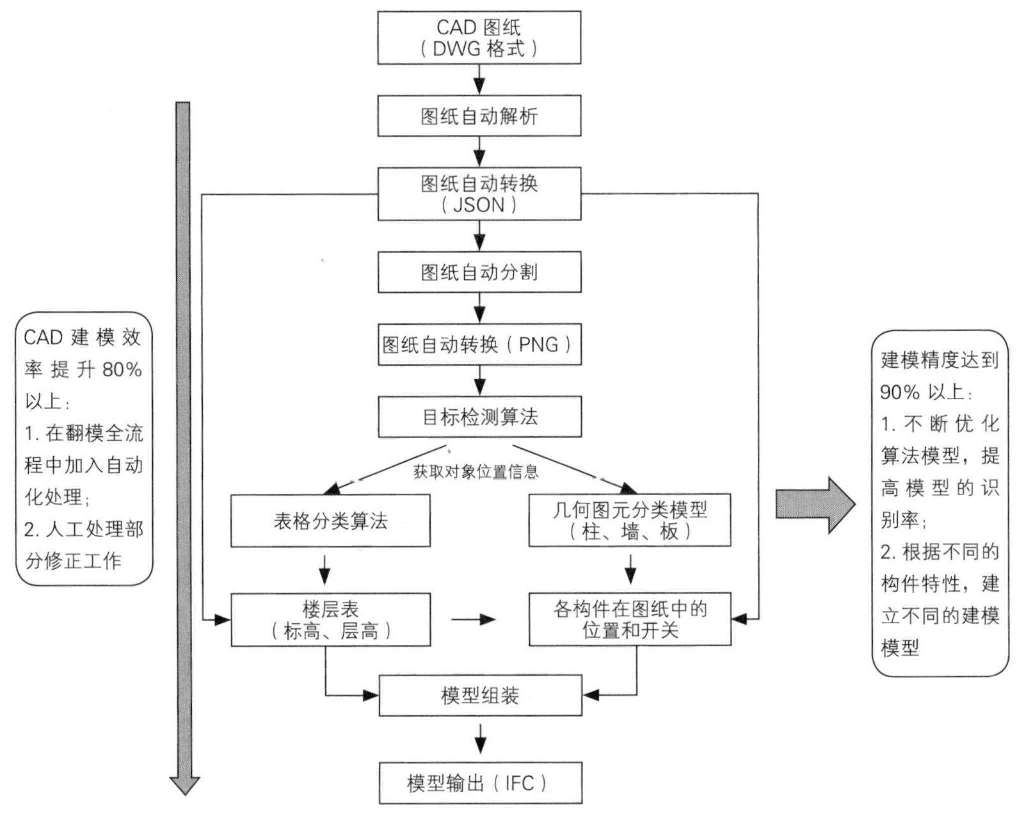

图 2.1　基于 AI 的 CAD 逆向建模技术原理图

（3）自动化建模服务

基于云计算和微服务技术，能实现自动化建模服务，输出标准化的三维模型，如 IFC 格式的 BIM 模型。

与手工建模相比，采用基于 AI 的 CAD 逆向建模技术，建模效率可提升 80% 以上，建模精度达到 90% 以上。

2）新型测绘技术

应用于城市空间三维模型构建的新型测绘技术主要包括三维激光扫描技术、全景影像技术和模型单体化技术。

（1）三维激光扫描技术

三维激光扫描技术利用激光测距的技术原理，通过密集、大量的采集记录构成被测物体表面点的三维坐标、反射率和纹理等信息，可快速复建出被测目标的三维表面模型及其线、面、体等几何数据。三维激光扫描技术具有精度高、速度快、分辨率高、兼容性好等优点。根据应用场景的不同，三维激光扫描设备主要包括固定式 / 架站式三维激光扫描仪、移动式三维激光扫描仪（如车载、机载等）、手持式三维激光扫描仪等。不同设备具有不同的特点和优势，在实际建模场景中，需要根据现实情况采用多种扫描设备协同配合进行扫描、建模。

（2）全景影像技术

全景影像又被称为“3D 实景技术”，一般是先通过多个带有鱼眼镜头的相机进行拍摄，后期再使用软件进行拼接，拼接后生成的影像可以在特定的软件或平台中展现出三维沉浸式的效果。全景影像的一大特点就是它的 360° 环视效果，可以全方位地展示出景象所在地的周边环境，使用者可以根据自己的兴趣，从任意一个角度浏览场景，犹如身临其境。

将全景影像与三维激光点云模型相结合，使激光雷达与光学相机参数匹配，经高精度计算后，以三维激光点云作为物理框架，提供丰富、真实、高精度的物理信息；全景影像为三维点云提供 RGB 信息，弥补激光点云模型空洞的缺点，生成全真彩色三维模型效果。

（3）模型单体化技术

不同模型采用的模型单体化技术也不同。对于倾斜摄影的三维模型，按照地物实体采集精度，进行三角网及纹理裁剪，获取三维几何形状、纹理，通过漏洞填充、纹理修复等得到三维模型单体；对于激光点云模型，采用点云预处理、点云与遥感影像配准、点云滤波、点云分割、点云分类等方法，重构物体的空间曲面模型，形成三维模型单体。对上述获取的单体三维模型，再通过构建语义描述框架、获取语义信息、语义与几何归一化处理、聚合层次关系建立等，实现语义属性关联。

新型测绘技术的出现，为在数字空间构建城市空间模型提供了一种快速、低成本的技术手段，可有力地促进 CIM 的落地实践。

2.2　多源异构数据融合与管理技术

CIM 需要整合基础 GIS 数据、三维模型数据、地上地下管线数据、BIM 模型数据、物联网感知数据、互联网数据等多源异构数据，并在此基础上支撑城市各项 CIM+ 应用。高质量的数据集成融合与管理是 CIM+ 应用支撑的重要保障，这需要多源异构数据融合与管理技术。出现于互联网领域的知识图谱技术，可以以结构化的形式描述客观世界中的复杂概念实体及其关系，提供了一种更好的组织、管理和理解互联网海量信息的技术方式。将知识图谱技术与 CIM 相结合，形成基于知识图谱的 CIM 多源异构数据融合与管理技术，可以有效地应对 CIM 的海量多源异构数据融合与管理的挑战。

基于知识图谱的 CIM 多源异构数据融合与管理技术，主要包括多源异构数据统一接入、管理和组织技术，CIM 多源异构数据融合引擎技术，数据智能关联技术。

（1）多源异构数据统一接入、管理和组织技术

基于知识图谱的 CIM 实体对象、属性、关联关系的数据模型表示方法，使用同

一套标准建模方式数字化地表达智慧城市中的所有事物以及不同事物之间的内外联系，进而构建统一多源异构数据的数据表示、多维度数据组织和关联机制，实现透明的（对用户屏蔽连接所需技术细节）数据集成融合，将各类异构数据源中的数据快速导入 CIM 平台并建立数据关联，形成业务数据系统。

（2）CIM 多源异构数据融合引擎技术

在多源异构数据统一接入、管理和组织技术的基础上，采用数据引擎技术构建 CIM 多源异构融合数据引擎，提供跨异构数据的统一查询和计算分析服务，支撑 CIM+ 应用对城市综合大数据的查询和分析计算服务需求。CIM 多源异构数据融合引擎技术路线如图 2.2 所示。

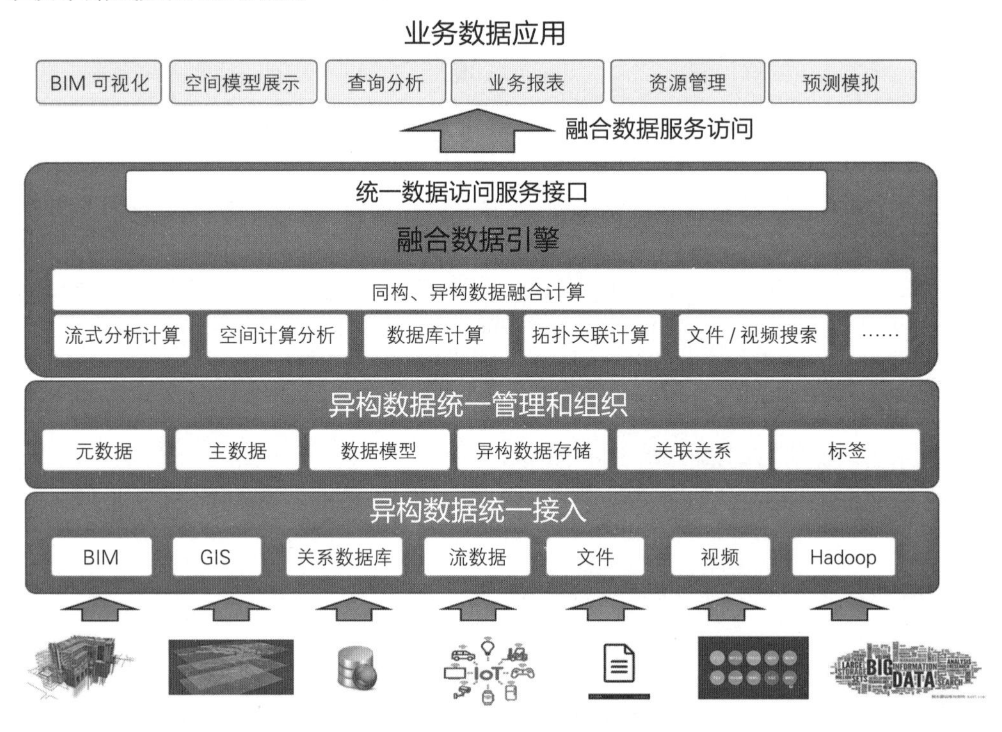

图 2.2　CIM 多源异构数据融合引擎技术路线

（3）数据智能关联技术

数据智能关联技术能实现非空间数据与空间地图的自动关联，解决非空间数据间业务联系以及空间定位困难问题。使用物联网数据接入与融合技术，自动化地实现物联感知数据与业务数据的无缝绑定，为静态的业务数据提供实时的动态物联感知信息。

2.3　空间模型数据轻量化处理技术

传统空间模型数据一般源于桌面端 BIM/3D 设计软件，通常采用多个文件分别存储模型的几何信息、材质信息、纹理贴图及属性信息等，模型体量很大。在城市信息模型（CIM）范畴下，为保证海量三维空间模型数据的加载、渲染效率，需要对模型文件进行转换和轻量化处理，这需要用到空间模型数据轻量化处理技术。

空间模型数据在线轻量化处理技术针对各类 BIM、3DS MAX、3D GIS 等空间模型数据，通过数模分离和数据提取，统一转化为定义的空间模型轻量化数据格式，再通过 LOD 构造技术、实例化提取技术、纹理压缩等技术，完成轻量化数据处理过程。空间模型数据在线轻量化处理技术方案图如图 2.3 所示。

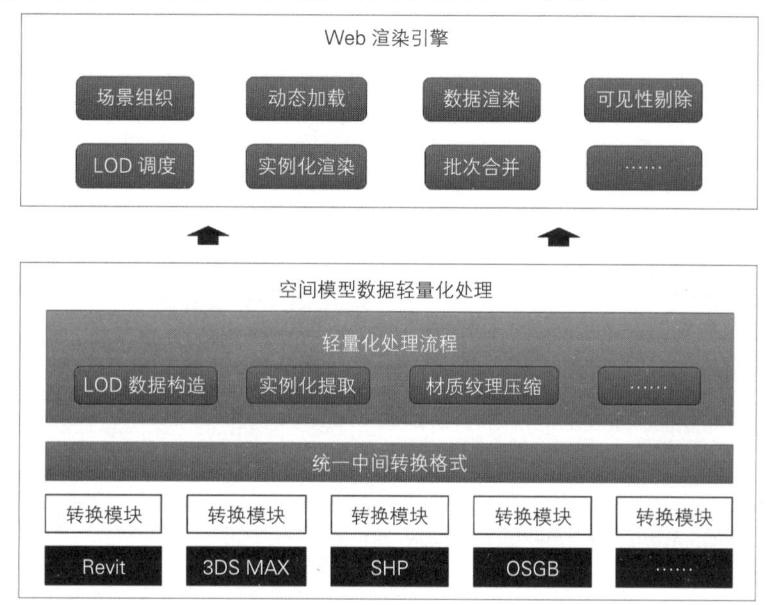

图 2.3　空间模型数据在线轻量化处理技术方案图

（1）数模分离和数据提取技术

数模分离和数据提取技术通过构建 BIM 和 GIS 数据描述的统一数据模型，定义统一的空间模型轻量化数据格式，对空间模型进行分离并提取其几何数据、构件属性数据、空间坐标等信息，完成空间数据解构。

（2）外壳提取技术

外壳提取技术基于可视域分析功能，将 BIM 模型的可见部分（外壳）与不可见部分（内部模型）分别存储到不同的数据集中，实现内部、外部模型的分离功能。

（3）网格化简技术

大量的 BIM 数据虽然能精准、详尽地还原建筑物的功能空间、几何外观及其建筑构件、零件，但这也导致大体量三维模型出现三维渲染、加载性能低下的问题。通常情况下，若三维模型存在较为复杂的构件（如桥墩、某些护栏等），这些构件都存在相当多的冗余的三角面，且对总体的模型显示效果贡献度较低。此时可以采用网格化简技术对模型的三角面进行简化，以降低浏览大体量模型时加载渲染的资源消耗。

（4）LOD 构造技术

LOD 构造技术使用空间索引算法（如 KD 树、四叉树等）并结合外壳提取、网格化简等算法对模型进行 LOD 构建，保证在外观形变极小的前提下大幅压缩几何信息数据量，完成多个递进轻量化等级 LOD 瓦片数据的轻量化处理和封装。

（5）实例化提取技术

针对多个具有相同几何信息的模型对象，采用实例化提取技术，提取共享的几何渲染数据，并对模型对象与共享渲染数据进行对应关系、转换矩阵等信息的记录，降低几何数据容量。

（6）纹理压缩技术

针对材质贴图，应使用纹理压缩技术。通过压缩算法将原有的 PNG、JPEG 等格式的纹理数据压缩为体积更小的图片交换格式，缩小图片存储空间。

（7）几何压缩技术

几何压缩技术旨在改善 3D 图形的存储和传输。几何压缩算法可以用于压缩网格和点云数据，也支持压缩点、连接信息、纹理坐标、颜色信息、法线和其他与几何相关的任何通用属性，即使用了 3D 图形的应用程序容量可以显著减少，而且不会损害视觉保真度。而对于用户来说，应用程序的下载和浏览器加载 3D 图形的速度将会更快，只需通过一小部分的带宽就可以实现传输，快速渲染出高质量的 3D 图形。

2.4 空间模型数据管理和发布技术

CIM 基础平台需要实现对城市范畴下的海量空间模型数据的有效管理和发布服务，特别是对“BIM+GIS”数据的统一管理和数据发布，实现城市级 GIS 数据和 BIM 构件数据的分布式处理、存储以及异构模型数据的场景组织、定制、管理和服务发布等功能。具体内容包括自动化数据转换处理、海量数据存储、空间数据与场景发布。

（1）自动化数据转换处理

基于分布式计算框架引入数据转换引擎和任务调度服务，以实现海量空间模型的自动化数据转换处理。数据转换处理基于统一三维数据存储格式的要求，通过对多源不同格式空间数据的解析，提取其几何数据、构件属性数据、空间坐标系等信息，完成空间数据解构，转化为统一的三维数据存储标准格式，将几何信息和其余结构化信息分别进行存储并记录对应关系。

（2）海量数据存储

分布式对象存储数据管理体系用于记录轻量化几何模型、空间索引、空间信息等非结构化模型数据；结构化数据管理体系用于存储构件属性、数据缓存、空间属性、检索索引等属性相关结构化信息。在上述基础上搭建空间数据管理架构，对元数据、算法、图层资源等信息进行整合管控。空间数据存储结构化部分、非结构化部分均支持存储水平扩展，达到支持城市级存储空间数据量的存储要求。

（3）空间数据与场景发布

开发在线场景编辑及发布界面，对已存储的各类空间数据进行图层导入、位置编辑、初始视角编辑、图层属性编辑、场景结构组织等操作，最终根据编辑结果完成空间场景发布，同时开发并对外开放数据转换、数据查询、属性搜索等功能。

空间模型数据管理和发布服务技术方案图如图 2.4 所示。

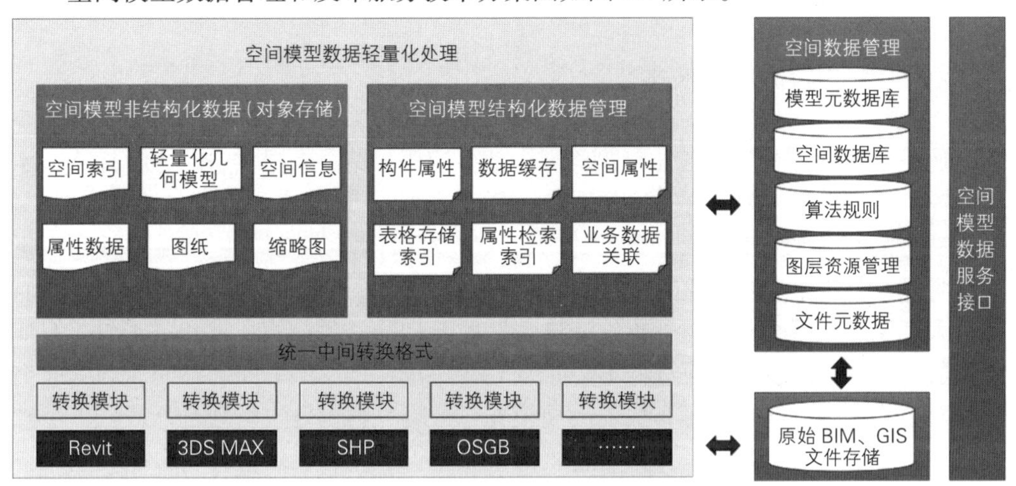

图 2.4　空间模型数据管理和发布服务技术方案图

2.5　三维模型渲染引擎技术

在 CIM 的应用中，由轻量化数据处理的成果数据需要基于客户端进行三维场景构建和渲染展示，因此需要高逼真、高性能的三维模型渲染引擎，采用动态调度渲染策略，实现不同区域模型、不同 LOD 层级模型的实时动态切换；应用实例化渲染技术、批次合并渲染等技术，进一步提升渲染性能，最终实现城市范围内海量三维空间模型数据的加载、渲染和流畅展示等功能。具体内容包括 LOD 动态调度、实例化渲染技术和批次合并渲染技术。

（1）LOD 动态调度

根据实时可视化范围，实现动态、高效的空间模型资源请求和调度机制，通过动态加载、可见性剔除、LOD 调度、优先级绘制等算法和策略，对不同区域的 BIM 模型、GIS 影像、矢量数据等进行加卸载处理，只渲染对当前可视域有视觉贡献的各空间对象。根据视域中各空间对象的视觉贡献度，实现不同 LOD 等级模型的实时动态加载 / 卸载，合理控制渲染内容及内存负荷，实现高效的空间模型调度和流畅展示功能。

（2）实例化渲染技术

根据轻量化数据提取的实例化信息，通过共享几何渲染数据以及各实例的转换矩阵信息，以实现实例化模型的渲染，降低 GPU 计算负荷。

（3）批次合并渲染技术

对于同材质的模型对象，采用合并渲染批次，加速渲染效率，实现对合并对象的单体化解析，以满足各类针对单个构件的业务需求。

2.6 空间分析计算技术

通过 CIM 构建的城市三维模型需要与业务应用相结合，提供空间分析计算，才能发挥其信息模型的数据价值，因此需要用到大规模、高精度的空间分析计算技术，实现城市范畴内海量空间模型数据的二、三维空间计算和分析，提供从宏观、中观到微观建筑单体等不同维度的空间分析计算服务。

大规模、高精度的空间分析计算技术是基于 CIM 对象建模技术和基于内存的分布式数据分析计算技术，通过将不同 CIM 对象类型实例中的时间和空间属性标准化并与对象实例相关联，以分布式、大规模并行计算方式执行空间分析计算，提供时空一体化综合分析能力。具体内容包括时空数据标准化、自动化时空数据关联、微观空间数据计算和宏观空间数据计算等。

①时空数据标准化：将时间（年、月、日、小时、分钟、秒）和空间地理位置信息（国家、省、市、区、POI、地理坐标信息等）定义为标准的对象类型并创建实例。

②自动化时空数据关联：根据真实的对象实体之间的客观联系，在各个对象实例和时空数据之间创建相对应的关联关系。

③微观空间数据计算：使用 CIM 空间数据库（如 OrientDB、PostGIS 等）内置的空间分析 SQL 函数，提供针对个体目标的空间数据分析能力。

④宏观空间数据分析：使用 CIM 关联关系数据结合 GeoSpark 技术，提供针对宏观目标的分布式海量空间数据分析能力。

⑤针对简单查询需求，提供标准的时空一体化查询 API，一次性返回满足“时间 + 空间 + 业务”数据过滤条件的查询结果。

⑥针对复杂分析需求，提供 Scala 数据连接 API，在 Spark 数据分析环境中导入 CIM 中的时间、空间与业务关系数据，以供后续分析使用。

2.7 物联网技术

物联网（IoT）技术是互联网技术的延伸和拓展，能够实现物与物之间的联网，在物与物之间进行信息交换和通信。IoT 技术作为实现 CIM 平台万物互联的重要支撑，将物联设备采集的动态感知数据与 CIM 平台中的对象进行关联，进而融合物联网设备动态感知数据与城市模型静态数据，是构建 CIM 平台的关键技术之一。

（1）IoT 技术的主要组成

IoT 技术大致可包括感知终端、IoT 网关、物联通信网络和物联感知 IoT 平台 4 大部分。

①感知终端：实现“物”状态信息、属性信息的在线感知和采集。

② IoT 网关：实现不同厂家、不同类型、不同协议的物联网感知终端的统一接入。

③物联通信网络：实现对前端感知终端或网关获取的物联感知信息的网络接入和通信传输。

④ IoT 平台：实现前端海量物联网感知设备的统一接入 / 适配、设备管理、数据存储 / 转发等功能，为上层应用提供统一的物联网设备 / 数据访问接口。IoT 平台技术与 CIM 密切相关，广义的 CIM 平台也包括城市 IoT 平台。

（2）IoT 与 CIM 集成技术

在实际工程项目中，物联网设备动态感知数据与城市模型静态数据关联的建立通常需要由业务人员进行定制化开发或者人工操作完成，效率较低，且无法适应城市海量物联网设备的应用场景，因此需要使用城市海量物联网设备感知数据和空间模型数据的智能匹配技术。该技术通过建立海量物联网设备感知数据与空间模型数据的映射、索引、智能匹配方法和机制，构建集物联数据图谱融合模型创建、空间模型映射配置、关联、展示于一体的空间一体化物联感知模型能力的 SDK 服务，形成开放能力集，以实现海量物联网设备动态感知数据与空间模型的智能化关联匹配。

2.8　云平台集成技术

CIM 平台作为表达和管理城市三维空间的基础平台和智慧城市的基础性、关键性和实体性信息基础设施，其技术的实现和功能服务都较为复杂，需要采用云平台技术进行集成，实现平台资源、服务的灵活组合与快速调用，以保证 CIM 平台可以在高效灵活的框架下进行运作和使用。同时，构建一个开放式的云平台架构，还可以为 CIM 平台的不断演进、功能拓展和灵活迭代奠定基础。云平台集成技术主要包括云原生技术、微服务技术和 CIM 中台技术。

（1）云原生技术

云原生（Cloud Native）是一种构建和运行应用程序的方法，是以容器、自动编排等为基础建立的云技术体系和方法论。采用云原生技术构建应用程序时，从设计之初即考虑云环境应用，原生为云计算而设计，在云上以最佳方式和最高效率运行，以充分利用和发挥云平台的弹性及分布式优势。

CIM平台涉及大量的数据资源、功能和服务，若采取传统的虚拟机云服务的方式，资源消耗大、运维压力大。因此，CIM平台的构建需要运用云原生技术，采用开源堆栈（Kubernetes）进行容器化处理和自动化编排，借助敏捷方法支持持续迭代，同时实现自动化高效运维管理，实现平台的高可用性、弹性伸缩、动态调度、负载均衡、服务自愈，资源利用率优化等效果。

（2）微服务技术

微服务是一种软件架构模式，是面向服务架构（SOA）的延伸和变体，它将传统单体应用程序划分成一系列职责单一、细粒度的服务单元，服务之间相互协调配合，每个服务单元运行在各自的进程中，服务之间采用轻量级的通信机制进行通信。

微服务技术可以使每个微服务独立开发、部署，通过全自动部署机制独立部署，使用不同语言开发，利用不同存储技术存储数据，从而形成一个最小限度的集中式服务管理。以微服务形式发布各种功能与应用，可有效降低平台结构的复杂度，增加各类功能调用的灵活性，支持后续功能开发与原平台功能服务实现有机耦合、灵活部署，从而适应技术发展更新与业务应用场景迭代的需求，推动平台升级拓展。

微服务凭借其松耦合、组件化、灵活可拓展的特征，成为搭建CIM平台底层架构的重要支撑之一，它可适应CIM平台组件与数据的快速增加与迭代更新要求。基于微服务技术构建CIM平台，各类CIM平台的能力、功能划分为微服务，既可以显著降低系统耦合性，还能有效支撑平台的功能演进和扩展，以及满足CIM平台和CIM+应用高可用性、水平弹性伸缩、快速扩展和自动化运维等需求。

同时，在微服务架构下，由于各服务模块之间相互独立，每个服务可使用不同语言进行独立开发，可以很容易地部署并发布到生产环境里和独立的进程内部，而无须协调由本地服务配置的变化而引起的对其他服务模块和设计的影响，极大地提高了部署效率和服务扩展性，增加了系统灵活性。

（3）CIM中台技术

CIM基础平台可分为技术中台、数据中台和业务中台，能实现对多源异构CIM数据的集成、管理与展示，并完成CIM+城市智慧应用的快速搭建，满足智慧城市建设对数据管理和应用搭建的需要。

CIM系统是智慧城市的信息基础设施，需要支撑城市全业务场景的建设需求，采用中台模式建设有如下3个突出优势。

①减少数据服务、共性功能的重复开发工作，提升平台业务的标准化程度。用户认证、鉴权管理、二/三维地图服务、分析计算模型等功能是多数业务系统都需要的功能，可以按照统一标准进行封装和开发，避免重复建设。

②平台结构从紧耦合模式变为松耦合模式，功能升级后可以对上层业务应用进行统一提升，出现问题时也可大大降低排查成本，增强系统的稳定性。

③方便数据收集、统一管理，可以高效地对整个平台上的业务数据和用户访问进行管理、分析、二次赋能。

第 3 章　CIM 标准的发展

2021 年 10 月 11 日中共中央、国务院印发的《国家标准化发展纲要》中明确指出，标准是经济活动和社会发展的技术支撑，是国家基础性制度的重要方面。标准化在推进国家治理体系和治理能力现代化中发挥着基础性、引领性作用。新时代推动高质量发展、全面建设社会主义现代化国家迫切需要进一步加强标准化工作。以科技创新提升标准水平，建立重大科技项目与标准化工作联动机制，将标准作为科技计划的重要产出，强化标准核心技术指标研究，重点支持基础通用、产业共性、新兴产业和融合技术等领域标准研制。及时将先进适用科技创新成果融入标准，提升标准水平。

由于 CIM 技术具有多源数据融合、多业务协同、多主体参与等特点，在建模和应用技术方面，其复杂程度远高于目前已趋于成熟的 BIM。标准化作为 CIM 平台建设的基础性工作，通过对 CIM 平台的总体设计、数据接入、平台建设、运维保障等各环节进行规范要求，从而推动信息技术在 CIM 建设及应用过程中的综合应用，为我国实现智慧城市健康、有序、高效、融合、可持续发展提供重要技术保障。

全球各国及主要的国际标准化组织核心围绕智慧城市开展了标准研究与编制工作，其中部分标准对 CIM 相关的建设内容进行了规范与说明。相比之下，国内 CIM 发展时间较短，国家级 CIM 相关标准规范正处于全面研究与编制阶段，部分 CIM 试点城市也在结合地方特色与实际情况，开展相应的地方级 CIM 标准规范体系研究。

3.1　国外 CIM 标准的发展

国外并没有明确地提出城市信息模型（CIM）的概念，更多的是以包括 BIM、CityGML、数字孪生等概念的形式而被提出的，并开展相应的标准研究与建设。

3.1.1 国外 BIM 标准

BIM 起源于美国，而后在北美、欧洲、亚洲、澳大利亚等地区和国家得到广泛认同和采用，并受到政府和相关行业的大力支持。在一些发达国家和地区，有 BIM 技术参与的项目数量已经超过了传统项目，美国、英国、挪威、芬兰、日本、新加坡等国家已在建筑行业提出了 BIM 应用要求，并建立了相关的国家级、行业级及企业级 BIM 应用标准。

（1）美国

2004 年美国开始制定美国国家 BIM 标准计划——《国家建筑信息模型标准》（*National BIM Standard-USTM*，NBIMS-US），由国家建筑科学院（National Institute of Building Science，NIBS）组织编制。2008 年，由 NIBS 组织编制的第一版 NBIMS-US 的第一部分正式发布，其主要目的在于提供电子式对象数据的组织和分类手段，并通过此方式提升建筑物整个生命周期纵向跨阶段和横向跨专业之间信息交换的顺畅程度，从而促进与此建筑环境相关利益者之间的沟通。2012 年，为了适应程序和标准的变化，并使标准具有更大的普遍性，NIBS 与多个专业组织合作正式公布了 NIBS2.0，内容包括 BIM 参考标准、信息交换标准与指南、应用三部分。2015 年，含有 BIM 参考标准、信息分类标准、信息一致性标准、信息交换标准、BIM 实践标准的 NIBS3.0 正式发布。

目前，美国国内所使用的 BIM 标准包括 NBIMS、COBIE 标准、IFC 标准等，这些标准的推广应用给相关方带来了巨大的价值。目前，由美国钢结构协会（American Institution of Steel Construction，AISC）牵头负责的 NBIMS-US 3.0 标准编制工作已经启动。

（2）英国

在英国，多家建筑类企业共同成立“AEC（UK）BIM 标准”项目委员会。2009 年，该委员会发布了英国首个 BIM 标准——AEC（UK）BIM Standard，并在 2010 年和 2011 年先后针对 Autodesk Revit 和 Bentley Building 两个软件发布了相应的 BIM 实施标准——*AEC（UK）BIM Standard for Autodesk Revit* 和 *AEC（UK）BIM Standard for Bentley Building*，提高了 BIM 标准的适用性和针对性。其主要内容包括项目执行标准、协同工作标准、模型标准、二维出图标准和参考等部分。

由中央政府组织的 BIM Task Group 与公共工程及英国皇家建筑师学会、英国建造行业协会、英国标准协会等多个机构共同推动 BIM 在英国的发展，并且在发展过程中形成了如 BS1192、PAS1192-2、PAS1192-3、BS1192-4 等一系列国家标准。其中，BS1192 和 PAS1192-2 后来发展成为 BIM 发展历史上极其重要的两个国际标准——ISO19650-1 和 ISO19650-2。

（3）日本

早在 20 世纪 90 年代，日本就已经开发了一系列的 BIM 软件，其中机电主流设计软件中的REBRO在20世纪80、90年代左右就有了DOS版，称为“CADEWA”，后来发展为Windows的CADEWA，再发展到CADWA EVOLUTION，目前已发展为CADEWA Real 2017。2008年底开始，日本建筑行业的BIM应用如雨后春笋般迅速发展。

日本在2009年成立了IPD-WG专项工作组，专门研究BIM理论和标准。2012年，该工作组从设计师的角度出发，针对设计事务所的BIM组织机构建设、BIM建模规则、BIM质量的控制与数据的版权、专业应用切入点和交付成果等方面发布了标准JLA BIM Guideline。该标准的主要内容包括技术标准、业务标准和管理标准3个部分，同时探讨了BIM带给设计阶段概算与算量、景观设计、性能模拟、监理管理及运维管理的一系列变革以及对策。JLA BIM Guideline从设计者的观点视角出发，将设计和施工分开考虑，希望通过推广加强国内BIM应用水平，利用BIM技术进一步扩大设计业务范围、减少成本、缩短工期和提高竞争力。

（4）韩国

韩国政府和相关机构也在积极开展BIM标准的制定及推广工作。例如，2010年4月，韩国公共采购服务中心（Public Procurement Service，PPS）发布BIM应用企划，要求：2010年，在1～2个大型工程项目中应用BIM；2011年，在3～4个大型工程项目中应用BIM；2012—2015年，超过50亿韩元的大型工程项目都采用4D BIM技术（3D+成本管理）；2016年前，全部公共工程应用BIM技术。

2010年1月，韩国国土海洋部发布《建筑领域BIM应用指南》。同年3月，韩国虚拟建造研究院制定《BIM应用设计指南——三维建筑设计指南》。同年12月，韩国调达厅颁布《韩国设施产业BIM应用基本指南书——建筑BIM指南》，PPS发布《设施管理BIM应用指南》，针对设计、施工图设计、施工等阶段中的BIM应用进行指导，并于2012年4月对其进行了更新。

（5）新加坡

新加坡的建筑业管理及BIM行业管理由新加坡国家建筑管理署（Buildingand Construction Authority，BCA）负责。早在1982年，BCA已经萌生了人工智能规划审批（Artificial Intelligence Plan Checking）的想法。2000—2004年，BCA发展了CORENET（Constructionand Real Estate Network）项目，用于电子规划的自动审批和在线提交，这是世界上第一个自动化的审批系统。2011年，BCA发布新加坡BIM发展路线规划（*BCA's Building Information Modelling Roadmap*），明确要求推动整个建筑业在2015年前广泛使用BIM技术。

新加坡将BIM标准体系主要分为BIM Roadmap，BIM Guide，BIM Essential Guide和BIM e-submission Guide 4个层面。

① BIM Roadmap：制定发展方向和阶段目标。

② BIM Guide：行业应用指南。

③ BIM Essential Guide：各专业应用BIM技术标准。

④ BIM e-submission Guide：审查标准，为 BIM 行业各个方面提供完整系统的标准指导。

（6）挪威

2010 年，挪威提出制定 *SN/TS 3489：2010 Implementation of support for IFD Library in an IFC model* 标准，目前正在进行信息传递手册（*Information Delivery Manual*）标准的研究，主要致力于解决建筑项目中各环节之间的信息减缓需求。

（7）芬兰

2007 年，芬兰政府物业管理机构正式发布 *BIM Requirements 2007*，共分为 8 类，包括总则、建模环境、建筑机电、构造、质量保证和模型合并、造价、可视化、机电分析等内容。

3.1.2 CityGML 标准

当前，许多国家和地区正在积极规划和推进三维城市的建设，从数字城市到智慧城市，再到数字孪生城市，随着信息技术和信息采集技术日新月异的发展，三维城市的内涵和理念也在不断地延伸和丰富。数据是建设三维城市的基石，然而，现阶段建设三维城市时采用的三维模型多为经摄影测量技术采集而得的地物表面模型。此类模型注重三维可视化效果，但不能较好地表达语义和拓扑关系，难以用于查询、分析或挖掘空间数据，且其采用的数据格式缺乏一致性，互操作性困难，这对三维城市模型的进一步应用与发展产生了一定影响。

基于上述情况，国际开放地理信息系统协会（Open GIS Consortium，OGC）提出了《OGC 城市地理标记语言（CityGML）编码标准》。该标准的提出为虚拟三维城市模型的可重用提供了一个有效的方案。CityGML 是一种基于 XML 的虚拟三维城市模型的存储和交换格式，它以模块化的方式定义了三维城市模型中的常见对象，并兼顾了城市中三维对象的几何、拓扑、语义、外观等属性。CityGML 的所有对象和主题类均支持多级别细节层次模型，适用于三维城市的多尺度表达，它既可以表示没有拓扑和语义的单一简单模型，也可以表示具有完整拓扑和细粒度语义的复杂多尺度模型。因此，通过该标准可以轻松地实现虚拟三维城市模型在不同地理信息系统和用户之间的信息无损交换。

3.1.3 数字孪生标准

自 2015 年以来，数字孪生技术就开始得到国际标准化组织（International Organization for Standardization，ISO）、国际电工委员会（International Electrotechnical Commission，IEC）、国际电信联盟远程通信标准化组织（ITU-T for ITU Telecommunication Standardization Sector，ITU-T）、美国电气与电子工程师学会（Institute of Electrical and

Electronics Engineers，IEEE）等国际组织的关注。各组织力求从各自的领域和层面出发，探索相关的标准化工作，截至目前，智慧城市、能源、建筑等领域的数字孪生国际标准化工作已进入探索阶段。

2020 年，物联网和数字孪生分技术委员会（ISO/IEC JTC1/SC41）成立数字孪生工作组（WG6），开展数字孪生相关技术研究，并推动了《数字孪生概念与术语》（ISO/IEC 5618）、《数字孪生应用案例》（ISO/IEC 5719）两项国际标准的预备研发和立项工作。

2021 年，智慧城市工作组（ISO/IEC JTC1/SC11）成立城市数字孪生及操作系统专题研究组。该研究组专门研究讨论数字孪生技术在智慧城市中的应用场景，预研分析技术方案并计划发布相关标准化成果物。该组织后续将基于各国专家在城市数字孪生参考架构、案例分析等方面的成果，推动相关国际标准的研制工作。

工业数据技术委员会（ISO/TC 184/SC4）立项并发布了《自动化系统及集成——面向制造的数字孪生系统框架 第 1 部分：概述与基本原则》（ISO 23247-1：2021）。

ITU-T 近年来也加大了数字孪生相关技术的标准化工作研究，其安全研究组（SG17）、物联网及智慧可持续城市研究组（SG20）分别立项了数字孪生技术相关应用需求、参考框架以及安全框架等国际标准。

IEEE 推进了数字孪生在智能工厂中应用的相关标准项目，如 IEEE 2806 系列标准《智能工厂物理实体的数字化表征系统架构》《工厂环境中物理对象数字表示的连接性要求》等。

3.2　国内 CIM 标准的发展

CIM 基础平台的实践周期短、参考案例少，需要多个行业、领域和管理层的横向和纵向沟通，加之国内外 CIM 相关研究也尚处于探索阶段，且对 CIM 的理解也正处于逐步统一的过程中，国家、行业、地方和企业各级标准仍然存在差距。基于上述背景，CIM 标准在中国的引入将不同于传统的行业标准。CIM 基础平台相关标准是优先发布紧急标准，然后逐步完善，最终形成 CIM 基础平台标准体系的过程。从横向上看，根据 CIM 基础平台的建设内容，CIM 标准可分为基础类、数据类、平台类、应用类、运维类、安全类等；从纵向上看，按照定位和功能划分，CIM 标准可分为基本标准、通用标准和专用标准。现行标准大多是根据 CIM 基础平台建设的紧迫性依次推出的。省级或城市地方标准大多是侧重于城市 CIM 基础平台的数据或平台操作标准，以及结合工程建设项目审批等特殊工作实施的信息传递标准。

3.2.1 国家及部委 CIM 标准

近年来，我国中央政府和地方政府都普遍意识到：建立城市信息模型（CIM）基础平台，可以解决智慧城市建设中数据共享和业务协作的痛点和难点，可以有效地支持智慧城市的建设工作。

与趋于成熟的 BIM 技术相比，我国的 CIM 技术和应用正处于快速发展期，CIM 基础平台建设需要成熟的相关标准作为指引。然而，标准编制程序复杂，较难在短期内完成，因此在标准体系形成之前，可参考智慧城市及 BIM 技术相关的标准规范为 CIM 平台建设提供支持和借鉴。同时，国家相关部门也出台了相应政策文件推动 CIM 基础平台的建设工作，在建设试点的基础上，进一步明确 CIM 基础平台的技术思路和总体架构，细化功能要求和技术需求，从而规范 CIM 基础平台的建设和运营维护。

基于智慧城市及 BIM 相关标准规范，结合 CIM 试点城市建设经验的积累与总结，2020 年开始我国进入了 CIM 基础平台建设的技术要求以及标准的推进阶段。2020 年 7 月，住房和城乡建设部印发《关于开展城市信息模型（CIM）基础平台建设的指导意见》，提出了 CIM 基础平台建设的基本原则和主要目标。同年 9 月，住房和城乡建设部印发了我国第一部关于 CIM 的技术指导文件：《城市信息模型（CIM）基础平台技术导则》（建办科〔2020〕45 号）。2021 年 6 月，《城市信息模型 CIM 基础平台技术导则》（修订版）经批准发布。2022 年 1 月，《城市信息模型基础平台技术标准》经批准发布，该文件为 CIM 平台建设提供了行业指导标准。

国内主要的 CIM 相关标准如表 3.1 所示。

表 3.1 国内主要的 CIM 相关标准

序号	标准类型	标准编号	标准名称	状态
1	数据类	—	《城市信息模型平台建设用地规划管理数据标准》	征求意见稿阶段
2	数据类	—	《城市信息模型数据加工技术标准》	征求意见稿阶段
3	数据类	—	《城市信息模型平台施工图审查数据标准》	征求意见稿阶段
4	数据类	—	《城市信息模型平台建设工程规划报批数据标准》	征求意见稿阶段
5	数据类	—	《城市信息模型平台竣工验收备案数据标准》	征求意见稿阶段
6	技术与平台类	CJJ/T 315—2022	《城市信息模型基础平台技术标准》	已发布
7	技术与平台类	—	《城市信息模型（CIM）基础平台技术导则》	已发布
8	技术与平台类	—	《城市信息模型应用统一标准》	征求意见稿阶段

续表

序号	标准类型	标准编号	标准名称	状态
9	智慧应用类	—	《基于城市信息模型（CIM）的智慧园区建设指南》	已发布
10	智慧应用类	—	《基于城市信息模型（CIM）的智慧社区建设指南》	已发布

1）数据类标准

CIM 平台行业标准是在基础平台建设方略下，对具体行业、详细步骤制定的详细化标准。这些标准目前处于在研阶段，住房和城乡建设部起草了相关行业标准，并就平台竣工验收备案数据、数据处理技术、平台施工图审查数据、平台建设项目规划审批数据等方面征求了社会意见。

（1）《城市信息模型平台竣工验收备案数据标准》（征求意见稿）该标准用于规范竣工验收备案环节中的数据内容以及交付条件标准，优化城市信息模型平台信息交流共享机制，管理平台竣工验收备案环节。适用于城市信息模型平台和竣工验收管理系统中建设项目竣工验收备案数据的建立、交付和管理。

（2）《城市信息模型数据加工技术标准》（征求意见稿）

该标准旨在规范城市信息模型数据的加工处理，为城市信息模型平台提供合格的模型产品。适用于城市信息模型数据加工、轻量化处理、检查与质量评定、数据更新等场景。

（3）《城市信息模型平台施工图审查数据标准》（征求意见稿）

该标准旨在规范设计图纸的数据内容和交付要求，规范城市信息模型平台的信息交换和交换机制，实现设计图纸的智能验证能力。适用于城市信息模型平台和设计图验证系统中设计图验证数据的建立、接收和管理。

（4）《城市信息模型平台建设工程规划报批数据标准》（征求意见稿）

该标准旨在提高城市规划项目审批的标准化和科学性，确保建筑项目审批数据与城市规划信息模型平台之间的链接。适用于城乡规划区建设项目规划审批资料的申请，包括建设项目、市政项目、交通项目的设计方案审查级别和建设项目规划许可证的规划审批级别。

（5）《城市信息模型平台建设用地规划管理数据标准》（征求意见稿）

该标准出台的目的是适应国家建设项目审批制度改革的要求，指导“CIM+”城市信息化模式应用系统建设，进一步提高建设用地规划管理的质量和效率，满足城市精细化管理的要求。明确建设用地管理资料和归档资料。适用于基于城市信息模型平台的项目用地规划审批阶段的数字化建设申请和智能审批。

2）技术与平台类标准

（1）《城市信息模型基础平台技术标准》（CJJ/T 315—2022）（已发布）

为推动城市治理体系和治理能力现代化建设，推动城市建设、管理数字化转型和高质量发展，提升城市治理体系和治理能力现代化水平，住房和城乡建设部于2022年1月印发《城市信息模型基础平台技术标准》（CJJ/T 315—2022）。该标准是国内第一部CIM行业标准，分为总则，术语、缩略语和代码，基本规定，平台架构和功能，平台数据，以及平台运维和安全保障6个部分，对城市信息模型基础平台的架构和功能、平台数据、平台运维和安全保障作了详细规定。

该技术标准从自上而下的宏观角度把握CIM平台的建设内容，对国家级、省级、市级3个层级提出了不同的建设要求，适用于不同行政层级的CIM平台建设的全局部署工作，有助于地方政府做好城市信息模型（CIM）基础平台建设工作，保障智慧城市按高标准、高质量的方向进行建设。

（2）《城市信息模型应用统一标准》（征求意见稿）

住房和城乡建设部根据《关于开展〈城市信息模型（CIM）平台—基础平台技术规范〉等7项标准编制工作的函》（建司局函标〔2020〕26号），组织中国城市规划设计研究院等单位起草了行业标准《城市信息模型应用统一标准（征求意见稿）》。该标准主体内容涉及两大部分：城市信息模型内容和城市信息模型应用。城市信息模型内容包括模型分级、模型和信息分类、模型创建、数据融合、数据更新；城市信息模型应用包括CIM基础平台、模型应用。该标准旨在从整体上把握CIM的应用场景，对CIM平台标准化应用内容提出指导性建设意见，协同不同应用方案的建立、信息交换、数据管理工作，为多应用场景提供支持。

3）智慧应用类标准

2021年10月，在住房和城乡建设部的指导下，全国智能建筑及居住区数字化标准化技术委员会发布了《基于城市信息模型（CIM）的智慧园区建设指南》《基于城市信息模型（CIM）的智慧社区建设指南》两本CIM白皮书。

（1）《基于城市信息模型（CIM）的智慧园区建设指南》（已发布）

以CIM为核心，园区融合新一代信息通信技术，具备“深入感知、全面互联、深度智慧”的能力，实现全方位、动态的精细化管理，从而提升园区的产业集聚能力、企业经济竞争力和可持续发展能力。

（2）《基于城市信息模型（CIM）的智慧社区建设指南》（已发布）

以CIM作为“数字底板”，针对人民群众的实际需求及其发展趋势和社区管理的工作，以精细化管理、人性化的服务、信息化的方式和规范化的流程为核心，将CIM及相关技术与社区场景相融合，使社区数字底板与社区功能应用完美对接。

3.2.2　地方 CIM 标准

2018 年，住房和城乡建设部印发《关于开展运用 BIM 系统进行工程建设项目审查审批和 CIM 平台建设试点工作的函》（建城函〔2018〕222 号），要求运用 BIM 系统实现工程建设项目电子化审批审查，探索建设 CIM 平台，统一技术标准，为中国智能建造 2035 提供需求支撑。鼓励有条件的城市建立城市信息模型（CIM），开展智慧城市的建设工作，为智慧城市奠定基础。提出将北京城市副中心、广州、南京、厦门、雄安新区列为运用 BIM 系统和 CIM 平台建设的试点城市，这标志着我国 CIM 建设工作正式启动。

2020 年，根据住房和城乡建设部等七部门印发的《关于加快推进新型城市基础设施建设的指导意见》（建改发〔2020〕73 号）的要求，住房和城乡建设部印发了《关于开展新型城市基础设施建设试点工作的函》（建改发函〔2020〕152 号），将重庆、太原、南京、苏州、杭州、嘉兴、福州、济南、青岛[illegible]州、广州、深圳、佛山、成都和贵阳 16 个城市作为新型城市基础设施建[illegible]城市，推进城市信息模型（CIM）平台建设。

在国家层面的积极推动下，各省、市和地区也[illegible]开展 CIM 标准的相关研究和尝试，在实践中基于国家指导文件逐渐形成了具有城市特色、地域特色的地方标准。辽宁省、湖南省相继正式发布数据类、技术与平台类地方标准，南京市、广州市、雄安新区等地区正在着手编制省市、开发区的地方标准，并根据该地区的 CIM 平台建设需求，拟定第一批标准初稿，为后续各地区的地方标准编制提供参照。这些标准主要从 4 个角度进行编制：总体类、数据类、技术与平台类、智慧应用类。

（1）辽宁省

为指导全省 CIM 基础平台的建设、运行以及 CIM 数据汇聚和共享，辽宁省在经过了前期大量的探索工作后，于 2021 年 5 月 30 日正式施行 4 项标准，成为全国首个发布 CIM 地方标准的省份。标准包括《辽宁省城市信息模型（CIM）数据标准》（DB21/T 3407—2021）、《辽宁省城市信息模型（CIM）基础平台建设运维标准》（DB21/T 3406—2021）、《辽宁省施工图建筑信息模型交付数据标准》（DB21/T 3408—2021）、《辽宁省竣工验收建筑信息模型交付数据标准》（DB21/T 3409—2021）。

上述标准的发布和实施，为辽宁省城市更新建设工作提供了强有力的技术支持，在实施智能市政基础设施改造、推动智能城市与智能互联车辆协调发展、创建智能建筑应用场景、促进辽宁省新型建筑产业化等方面发挥了积极作用。

（2）湖南省

2021 年，湖南省住建系统创新运用“互联网 + 住建”模式，积极推进“智慧住建云平台”建设，并在常德市率先试点开展城市信息模型（CIM）基础平台建设，实现城建数据标准和规范的统一，为“智慧住建”提供了基础数据支撑。

为指导湖南省 CIM 平台标准化建设，2022 年 2 月，湖南省住房和城乡建设厅批准印发《湖南省城市信息模型基础数据标准》（DBJ43/T531—2022）、《湖南省城市信息模型平台建设运维规范》（DBJ43/T 4001—2022）两项工程建设地方标准。上述标准全面贯彻住房和城乡建设部《关于开展城市信息模型（CIM）基础平台建设的指导意见》，建立国家、省、市三级 CIM 基础平台体系，逐步实现城市 CIM 基础平台与国家、省级 CIM 基础平台的互联互通。湖南省 CIM 平台地方标准的建立对全省各级城市 CIM 基础平台的建设具有显著影响，对全省各级城市的运行和数据聚合与共享应用起着重要的指导作用。

（3）南京市

2020 年 4 月，江苏省南京市人民政府印发《南京市数字经济发展三年行动计划（2020—2022 年）》。南京市为推进数字产业的创新发展，打造了数字政府和数字孪生城市，构建了国土空间基础信息平台、智慧南京时空大数据平台和城市信息模型（CIM）平台，还建立了规划资源一体化审批服务系统。南京市从开展 CIM 基础平台建设的实际需求出发，探索性地建立了城市级 CIM 标准体系。

在南京市 CIM 标准体系的指导下，对于平台使用者、维护者、开发者等不同受众，该市编制了《城市信息模型（CIM）核心概念》《城市信息模型（CIM）数据安全规范》《城市信息模型（CIM）基础平台建设规范》《城市信息模型（CIM）基础平台服务规范》《城市信息模型（CIM）基础平台运行维护规范》《城市信息模型（CIM）基础平台推广应用指南》等多项地方标准。

（4）广州市

广东省广州市大力推进城市信息模型（CIM）平台试点建设工作，建立联席会议制度，制订专项工作计划，并将试点工作作为广州市“四新辉煌”的重要举措和 2020 年的重点任务进行统一部署和推广。

目前，广州市在推进 CIM 平台标准体系建设方面取得了积极成果。广州市坚持“立足实际、适度超前、发挥标准主导作用”的原则，建立平台建设、规划审批、施工图审查、竣工验收备案 4 大类 CIM 标准体系。编制 6 份技术文件，包括 CIM 平台技术标准和 CIM 数据标准、CIM 数据库标准、CIM 基本平台规范、BIM 模型与 CIM 平台对接标准、3D 数字竣工验收模型交付标准、施工图三维数字化设计交付标准，用于支持 CIM 基础平台和应用场景的构建。制订《广州市城市信息模型（CIM）平台信息共享目录》，收集了市住建局、市公安局等 26 个部门的数据信息，推动时空基础数据、资源调查数据、规划控制数据、工程建设项目数据、公共专题数据和物联感知数据 6 大类 1467 层数据资源共建共享，支持 CIM 平台应用场景的开发和构建。

（5）厦门市

2020 年 3 月，福建省厦门市自然资源和规划局印发《厦门市推进 BIM 应用和 CIM 平台建设 2020—2021 工作方案》。该文件强调制定厦门相关 CIM 标准和规范的必要性和重要性，最大程度地发挥 CIM 平台建设的优势，强化试点区的示范作用，形成可复制的厦门经验，提高城市的空间治理能力。

（6）雄安新区

2019 年 10 月，雄安新区发布《雄安新区智能城市数据标准体系指南》。该指南由总体标准、数据基础标准、技术平台标准、管理标准、安全标准 5 部分组成，是雄安新区数据资源所需标准的结构化蓝图。

2020 年 5 月，雄安新区召开智慧城市建设标准体系框架（1.0 版）和第一批标准成果发布会，标准成果包括《物联网终端建设指引》《物联网网络建设指引》《数据安全建设指引》和《智慧站点建设指引》。这些是雄安新区探索“新型智慧城市基础设施 + 传统城市基础设施”和“双基础设施”模式的重要阶段性成果。雄安新区智慧城市建设标准体系框架涵盖基础设施和感知系统建设、智能应用和信息安全等 9 个智慧城市标准体系，规划近 100 个标准，为确保实现雄安新区数字城市与实体城市同步规划建设，打造优质城市模式提供了重要保障。

第4章　CIM 数据体系

4.1　CIM 数据的资源构成

根据住房和城乡建设部 2022 年印发的《城市信息模型基础平台技术标准》，CIM 数据资源包括时空基础数据、资源调查数据、规划管控数据、工程建设数据、公共专题数据、物联感知数据和 CIM 成果数据七大数据资源库。

（1）时空基础数据库

CIM 平台建设的基础是能够从多个维度完整地描述结构复杂的城市系统，其中，丰富的城市信息是必不可少的。这些城市信息来源于各类数据，如二维矢量数据（DEM、DLG 数据）、影像栅格数据、倾斜摄影数据、三维模型数据及点云数据等这类来自对城市宏观地理环境描述的数据。

①矢量数据：主要包括基础地理数据、专题图等数据，如二维高精度和标准精度地图等。矢量数据主要通过外业测量、矢量化等手段获得，数据精度较高、坐标信息准确，便于空间分析计算，特别是便于网络分析。基础地理数据主要由城市地理信息中的水系、植被、建筑物、居民地、交通、境界、特殊地物、地名等要素构成，常用于城市基础信息底图制作，为城市规划、建设与管理提供数据支撑。

②影像栅格数据：主要包括数字高程模型以及遥感数据等，广泛应用于 CIM 相关行业领域。数字高程模型在二维数字地形图的基础上增强了空间性，将自然地理形态通过横向和纵向的三维坐标表现出来，充分地表达数字地形图的空间立体性，使其更加直观、立体。遥感影像数据凭借其获取途径方便、覆盖范围广、信息量大、更新周期短，以及节省人力物力等优势，也成为城市底板数据的重要组成部分之一。

③倾斜摄影数据：主要包括城市地形、交通路网、城市建筑、水系水域、景观等能够快速生成城市现状的基础三维快照。倾斜摄影技术的出现，大大降低了城市三维数据生产的人工成本和时间周

期，推动了三维数据的大范围推广及应用，为建设智慧城市提供丰富的数据基础。通过倾斜摄影技术，可实现城市现状三维地理信息数据的整体采集。

④三维模型数据：包括各类建筑白模、精模数据。CIM基础平台的建设支持各类型的数据接入，如3D MAX，同时支持多种模型格式导入，如osg、obj、flt、wrl、dae等。

⑤点云数据：支持激光点云的多种数据格式，如las、txt、xyz、ply、laz等，能实现高精度激光点云数据的快速加载与流畅显示，支持激光点云数据的精确量测、设置颜色表、生成DSM等功能。

（2）资源调查数据库

资源调查数据涵盖城市公共服务设施、地下空间现状等数据，按调查对象分类，包括国土调查数据、耕地资源调查数据、地质矿产调查数据、水资源、房屋和市政设施等各类地理国情普查数据。资源调查数据多以矢量数据的形式存储，该类专项数据作为业务辅助分析的基础数据，通常应用于项目规划阶段的分析研究，对方案的合理性进行预先研判。

（3）规划管控数据库

规划管控数据库包括开发评价、重要控制线、国土空间规划、专项规划及已有规划等数据，如城市总体规划数据、土地利用总体规划数据、国土空间规划数据、中心城区城市规划数据、中心城区控制性详细规划数据、土地整治规划数据、生态保护线、基本农田线、绿地规划数据、矿产资源规划数据、道路规划数据、电力规划数据、防洪规划数据等多项综合规划数据和专项规划数据。

（4）工程建设数据库

工程建设数据是CIM平台构建的重要组成部分。按照项目审批的四大环节，工程建设数据细分为立项用地规划许可数据、建设工程规划许可数据、施工许可数据和竣工验收数据。用地规划阶段以项目红线、立项用地规划信息和相关报建批文、证照材料为主，其余阶段以对应的工程建设项目BIM数据和相关审批批文、证照材料为主。

对于不同项目类型全周期的规划、建设和运维数据，由于区域范围较小、聚焦信息较细，因此重点通过BIM数据来实现对工程建设项目信息的表达及描述，数据粒度可以细化到工程内部的一个机电配件、一扇门。基于BIM技术，工作人员可以从一个整体的城市视图，快速定位到一个项目、一个单体，甚至可快速查找到一个零部件的生命周期信息，从而获取所有相关数据。因此，可以说BIM是信息化平台建设的重要组成部分以及核心技术支撑。在CIM平台建设过程中，由于BIM数据体量较大，需要着重关注BIM数据接入、性能优化以及“BIM+GIS”等相关功能。

（5）公共专题数据库

公共专题数据库涉及常用城市要素的属性信息，包括宏观经济数据、法人数据、人口数据、兴趣点数据、地名地址数据以及社会数据等。宏观经济数据、法人数据、人口数据主要为关联行政区的结构化数据；兴趣点数据多以矢量数据的形式呈现；

地名地址数据需关联坐标位置；社会数据为通过各种方式汇聚整合的社会化大数据，可通过坐标形式进行关联和展示。

（6）物联感知数据库

“BIM+GIS”主要用于实现对城市静态信息的综合表达，但仅仅是某一状态或者某一时刻的城市并不能表现城市的实时状态及其发展变化情况，因此为了让城市“鲜活”起来，需要城市物联感知动态数据的支持。物联感知数据是指通过物联网（IoT）技术实时获取的具有时间戳的实时流数据，包括城市基础设施监测数据、城市交通监测数据、城市生态环境监测数据、城市运行管理监测数据、安防视频监控数据等。物联感知数据的采集接入，一般需要通过物联网平台或系统对接方式，支持接入前端物联感知设备监测数据。

（7）CIM 成果数据库

CIM 成果数据库是指 CIM 平台所存储的全部成果类数据，包括工程建设报批和加工整理等形成的 CIM 1—CIM 7 级模型成果数据、CIM 源数据（包括时空基础、资源调查、规划管控等数据）及关联数据（包括公共专题数据和物联感知数据）。

4.2 CIM 数据的分级分类

4.2.1 CIM 数据的分级

根据住房和城乡建设部印发的《城市信息模型（CIM）基础平台技术导则》（修订版），城市信息模型宜分为 7 级。CIM 1 级模型为地表模型；CIM 2 级模型为框架模型；CIM 3 级模型为标准模型；CIM 4 级模型为精细模型；CIM 5 级模型为功能模型；CIM 6 级模型为构件模型；CIM 7 级模型为零件模型。各级模型的主要内容和数据源如表 4.1 所示。

4.2.2 CIM 数据的分类

根据《城市信息模型（CIM）基础平台技术导则》（修订版），可将 CIM 数据从成果、进程、资源、属性和应用 5 大维度进行分类。

①成果：包括按功能分建筑物、按形态分建筑物、按功能分建筑空间、按形态分建筑空间、BIM 元素、工作成果、模型内容 7 种分类。

②进程：包括工程建设项目阶段、行为、专业领域、采集方式 4 种分类。

③资源：包括建筑产品、组织角色、工具、信息 4 种分类。

④属性：包括材质、属性、用地类型 3 种分类。

⑤应用：包括行业 1 种分类。

表 4.1　城市信息模型分级表

模型分级 模型参数	CIM 1 级	CIM2 级	CIM 3 级	CIM 4 级	CIM 5 级	CIM 6 级	CIM 7 级
名称	地表模型	框架模型	标准模型	精细模型	功能模型	构件模型	零件模型
模型主要内容	地形、行政区、水系、主要道路等	地形、行政区、建筑内外、交通、水系、植被等	地形、行政区、建筑内外、交通、水系、植被、场地、管线、地质、城市主要部件等	地形、行政区、建筑内外、交通、水系、植被、场地、管线管廊、地质、城市部件等	建筑内外、交通、场地、地下空间等要素及主要功能分区	建筑内外、交通、场地、地下空间等要素及主要构件	主要设备零件
模型特征	DEM 和 DOM 叠加实体对象的基本轮廓或三维符号	实体三维框架和表面，包含实体标识与分类等基本信息	实体三维框架、内外表面，包含实体标识、分类和相关信息	实体三维框架、内外表面纹理与细节，包含模型单元的身份描述、项目信息、组织角色等信息	满足空间占位、功能分区等需求的几何精度，包含和补充上级信息，增加实体系统、关系、组成及材质，性能或属性等信息	满足建造安装流程、采购等精细识别需求的几何精度（构件级），宜包含和补充上级信息，增加生产信息、安装信息	满足高精度渲染展示、产品管理、制造加工准备等高精度识别需求的几何精度（零件级），宜包含和补充上级信息，增加竣工信息
主要数据源	DEM、DOM、DLG 等	DEM、DOM、DLG、房屋楼盘表、标准地址等	DEM、DOM、DLG、倾斜摄影模型、地质模型、专题地图、房产分层分户图、标准地址等	DEM、DOM、DLG、城市三维精细模型、激光结合倾斜摄影模型、管线管廊模型、地质模型、专题地图、房屋建筑工程 CAD 图、BIM（LOD1.0）等	BIM（LOD2.0）、激光扫描室内模型、地下空间模型、房屋建筑工程 CAD 图等	BIM（LOD3.0）、激光扫描室内模型、地下空间模型、房屋建筑工程 CAD 图等	BIM（LOD4.0）及同等粒度精度的专业数据源

续表

模型参数＼模型分级	CIM 1 级	CIM2 级	CIM 3 级	CIM 4 级	CIM 5 级	CIM 6 级	CIM 7 级
名称	地表模型	框架模型	标准模型	精细模型	功能模型	构件模型	零件模型
主要数据源精度	低于 1 ： 10 000	1 ： 5 000 ～ 1 ： 10 000	1 ： 1 000 ～ 1 ： 2 000	优于 1 ： 500 或 G1、N1	G1 ～ G2，N1 ～ N2	G2 ～ G3，N2 ～ N3	G3 ～ G4，N3 ～ N4
DEM 格网及场地模型分辨率	大于 30 m	5 ～ 30 m	1 ～ 5 m	0.5 ～ 1 m	0.3 ～ 0.5 m	0.15 ～ 0.3 m	高于 0.15 m
DOM 分辨率	大于 2.5 m	0.5 ～ 2.5 m	0.05 ～ 0.5 m	0.05 m	—	—	—
模型平面精度	大于 10 m	1 ～ 10 m	0.5 ～ 1 m	0.2 ～ 0.5 m	0.05 ～ 0.2 m	0.02 ～ 0.05 m	高于 0.02 m
模型高度精度	大于 5 m	2 ～ 5 m	0.5 ～ 2 m	0.2 ～ 0.5 m	0.05 ～ 0.2 m	0.02 ～ 0.05 m	高于 0.02 m
模型纹理精度	—	—	0.1 ～ 0.5 m	0.05 ～ 0.1 m	0.02 ～ 0.05 m	0.01 ～ 0.02 m	高于 0.01 m
主要应用场景	区域和城市群规划和建设	市域城乡规划和建设	城市建成区规划、建设和管理	中心城区、重点区域规划、建设、管理、运行	建（构）筑物管理	建（构）筑物设备设施管理	建（构）筑物设备设施精细管理

CIM 数据分类表如表 4.2 所示。

表 4.2　CIM 数据分类表

分类名称	大类	中类	备注
成果	按功能分建筑物	—	引用 GB/T 51269—2017 附录 A.0.1 分类
	按形态分建筑物	—	引用 GB/T 51269—2017 附录 A.0.2 分类
	按功能分建筑空间	—	引用 GB/T 51269—2017 附录 A.0.3 分类
	按形态分建筑空间	—	引用 GB/T 51269—2017 附录 A.0.4 分类
	BIM 元素	—	引用 GB/T 51269—2017 附录 A.0.5 分类
	工作成果	—	引用 GB/T 51269—2017 附录 A.0.6 分类
	模型内容	地形模型	参考 GB/T 13923—2022 和 CJJ 157—2010 分类
		水系模型	
		建筑模型	
		交通设施模型	
		管线管廊模型	
		植被模型	
		地质模型	
		其他模型	
进程	工程建设项目阶段	—	引用 GB/T 51269—2017 附录 A.0.7 分类
	行为	—	引用 GB/T 51269—2017 附录 A.0.8 分类
	专业领域	—	引用 GB/T 51269—2017 附录 A.0.9 分类
	采集方式	遥感	参考《测绘标准体系（2017 修订版）》的获取与处理类
		航空摄影	
		勘察	
		地图矢量化	
		人工建模	
		其他方式	
资源	建筑产品	—	引用 GB/T 51269—2017 附录 A.0.10 分类
	组织角色	—	引用 GB/T 51269—2017 附录 A.0.11 分类
	工具	—	引用 GB/T 51269—2017 附录 A.0.12 分类
	信息	—	引用 GB/T 51269—2017 附录 A.0.13 分类

续表

分类名称	大类	中类	备注
属性	材质	—	引用 GB/T 51269—2017 附录 A.0.14 分类
	属性	—	引用 GB/T 51269—2017 附录 A.0.15 分类
	用地类型	耕地	引用自然资源部《国土空间调查、规划、用途管制用地用海分类指南（试行）》
		园地	
		林地	
		草地	
		湿地	
		农业设施建设用地	
		居住用地	
		公共管理与 公共服务	
		用地	
		商业服务业用地	
		工矿用地	
		仓储用地	
		交通运输用地	
		公用设施用地	
		绿地与 开敞空间用地	
		特殊用地	
		留白用地	
应用	行业	城乡建设	引用 GB/T 4754—2017《国民经济行业分类》
		交通与物流	
		能源	
		水利	
		风景园林	
		自然资源	
		生态环境	
		卫生医疗	
		城市综合管理	
		工业和信息化	
		其他	

4.3　CIM 数据的资源管理

数据资源管理即对所有的 CIM 平台的全部业务数据、BIM 数据以及 GIS 数据进行统筹性全面管理，以 CIM 数据库作为数据载体，实现数据与业务的无缝衔接。数据资源管理主要包括数据的汇聚存储、数据共享交换服务、数据更新等内容。

4.3.1　数据的汇聚存储

为了满足 CIM 数据库复杂、易变的数据结构存储要求，CIM 平台需要通过使用 CIM 数据库的数据存储结构解决不同种类 CIM 数据，如 BIM 模型、GIS 数据、结构化数据、非结构化数据和关联数据的存储和管理问题，能够较方便地实现个性化定制的需求。

CIM 数据应充分利用基础测绘、资源普查、工程建设项目报批报建和竣工验收、城建档案数字化以及城市运行管理等途径，实现 CIM 数据的统一汇聚存储。对汇聚的 CIM 数据应按适宜的、标准化的数据格式组织入库，流程应包括数据预处理、数据检查、数据入库和入库后处理。

1）数据预处理

数据预处理是指前期按 CIM 相关标准规范要求，收集整理相关业务模型数据，对不同数据按不同类别进行整理、归纳，并在入库之前对数据进行数据校验、数据格式转换、属性项关联、统一坐标系处理、统一时间配准、空间数据融合匹配等处理。

（1）数据校验

数据校验即对汇聚的 CIM 源数据进行文件完整性校验和数据标准校验。

（2）数据格式转换

数据格式转换即按照统一的数据汇聚标准，对多源异构的 GIS 数据、三维模型、BIM 数据进行数据格式转换处理，转换成 CIM 平台可识别的数据格式，纳入平台统一管理应用。

（3）属性项关联

属性项关联即通过 GIS、三维模型等空间数据中各要素的唯一 ID，对相关数据库或文件数据进行属性数据对接关联。

（4）统一坐标系处理

统一坐标系处理即对空间数据进行三维坐标一致性校验，按照相关数据标准将所有空间数据统一到同一参照坐标系。若不符合标准，则要进行数据坐标转换。由于转换参数涉密，需要委托具有相关资质的单位进行坐标转换。此外，要求转换完成后的数据精度不能有损失，因此在数据完成转换后，需对数据转换前后的结果进行对比分析。

（5）统一时间配准

统一时间配准即对汇聚的空间数据统一时间基准，将 BIM 数据、倾斜摄影数据、矢量数据、点云数据及其他 GIS 数据统一到同一时间基准（如公元纪年和北京时间）。

（6）空间数据融合匹配

BIM 数据、倾斜摄影数据提供了现实世界中的建筑物等模型数据，DEM 地形数据提供了模型数据在宏观环境中的位置信息及周边环境。通过 BIM 模型、倾斜摄影数据与地形数据的融合，进行空间匹配处理，以提供更加真实的可视化体验及空间分析数据支撑。

2）数据检查

数据检查是对结果数据（如栅格数据、矢量数据、三维模型、BIM 模型等）的完整性、规范性和一致性进行检查，检查内容应符合如下要求。

（1）栅格数据

①成像时间：核对并检查遥感影像、倾斜数据的成像时间是否满足应用规定的时间范围。

②成像分辨率：核对并检查数据的分辨率是否能达到应用要求。

③坐标系：检查坐标系是否满足应用要求。

（2）矢量数据

①一致性与完整性：检查几何图形和属性数据的一致性、完整性。

②几何精度：检查矢量数据的精度是否达到应用的精度要求。

③坐标系：检查坐标系是否满足应用要求。

④拓扑关系：针对点、线、面不同类型数据设置的合理拓扑规则，对汇聚的矢量数据进行检查。

（3）三维模型

①模型完整性：检查模型的数据目录、纹理贴图、坐标系和偏移值以及模型覆盖范围是否完整。

②模型规范性：检查模型的对象划分、命名、贴图格式、贴图大小、贴图命名是否规范。

（4）BIM 模型

①模型精确度：根据模型对应的工程建设阶段，检查该模型精度是否满足精度要求。

②数据准确性：检查模型和总平图是否一致。

③数据完整性：检查模型覆盖范围是否完整。

④图模一致性：检查模型与二维图纸是否一致。

⑤数据规范性：检查模型命名、拆分、计量单位、坐标系以及构件命名、材质表述是否规范。

3）数据入库

根据不同类型的城市信息模型（CIM）数据，可以选择不同的方式入库，如手工输入、批量入库、自动入库等。在完成入库的同时，应该自动生成入库日志，日志中包括自动记录入库数据内容、数据类型、入库时间、入库方式等。对二维矢量、栅格数据，建议使用分区、分层或者分幅的入库方式；对三维模型或 BIM 数据，建议采用分区域、分专业或分单体的入库方式；对其他类型的城市信息模型（CIM）数据，建议采用分幅或者分要素的入库方式。

4）数据入库后处理

数据入库后处理内容主要包括逻辑接边、物理接边、拓扑检查与处理、唯一码赋值、数据索引创建、影像金字塔构建、切片与服务发布等。

①逻辑接边：检查同一数据在相邻图幅内的地物编码和属性数据是否一致，将同一目标在相邻图幅的空间实体在逻辑上连接在一起。

②物理接边：检查空间数据与周边空间数据的拓扑关系，保证模型与周边数据在空间位置的无缝接边，将地上地下、室内室外相邻的异构数据在空间实体进行融合，使其完成物理融合衔接。

③拓扑检查与处理：根据相应的拓扑规则对点、线、面数据进行检查。

④唯一码赋值：对各级 CIM 模型中建筑模型的幢、户对象进行统一编码标识，保证空间单元的唯一性，对其他模型进行选择性编码标识，用于不同行业的数据共享、空间查询、空间对象匹配、空间分析计算、数据融合等业务。

⑤数据索引创建：对入库后的数据创建索引，确保索引数据的唯一性，实现对数据的快速查询检索等功能。

⑥影像金字塔构建：根据 CIM 分级规定，随着 CIM 级别的升高、比例尺的增大，生成由粗到细不同分辨率的影像集。金字塔的顶部图像分辨率最低、数据量最小；底部分辨率最高、数据量最大。

⑦切片与服务发布：数据入库后，进行空间切片，并采用 3D-Tiles（或 I3S、S3M）等三维通用标准数据格式，以数据服务形式对外发布共享，业务应用可以直接调用访问。

4.3.2　数据共享交换服务

1）数据共享交换的原则

为了实现数据共享与交换，CIM 平台应能提供数据接口服务（主要负责对外提供各类结构化、非结构化数据存取的通用接口）和组件服务（主要负责对外提供 BIM 三维和 GIS 三维浏览组件）。外部业务应用应能方便地调取平台的构筑物数据、关联数据和 GIS 等数据，并进行浏览查看。

同时，CIM 数据库也必须具备对接第三方应用数据（如综合治理云平台、桥梁健康监测系统等）的能力，通过对方系统的数据接口、地理信息瓦片服务、数据库视图和原始数据文件等方式，将城市感知数据和相关业务数据接入平台。

多级安全的CIM数据库进行共享与交换需要满足数据高可用性、完整性、保密性3个原则。

（1）数据高可用性

数据存储和服务采用冗余技术设计网络拓扑结构，避免关键节点存在单点故障；提供主要网络设备、通信线路和数据处理系统的硬件冗余，保证系统的高可用性；提供本地数据备份与恢复功能，至少每天一次备份全部数据，备份介质场外存放；提供异地数据备份功能，利用通信网络将关键数据定时批量传送至备用场地。

（2）数据完整性

为了保障系统数据完整性要求，需要对系统数据在传输过程中的完整性是否受到破坏进行检测，并在检测到完整性错误时采取必要的恢复措施。对数据库采用多种方法来保证数据完整性，包括外键、约束、规则和触发器。针对不同的具体情况用不同的方法进行，相互交叉使用，优势互补。

（3）数据保密性

采用加密或其他保护措施满足系统管理数据、鉴别信息和重要业务数据存储保密性要求。例如，为保障数据库特定表中信息敏感字段的安全，系统采用对该字段进行加密的方式进行存储。

2）数据共享交换的方式

CIM数据的共享与交换方式包含3种，即在线共享、前置交换和离线拷贝。在线共享通过浏览、查询、下载、订阅、在线服务调用等方式进行CIM数据共享；前置交换通过前置机交换CIM数据；离线拷贝通过移动介质拷贝实现数据共享。

CIM数据共享与交换应能通过CIM基础平台直接进行转换，或采用标准的或公开的数据格式进行格式转换。

CIM数据共享与交换的方式如表4.3所示。

表4.3　CIM数据共享与交换的方式

序号	一级名称	二级名称	共享与交换方式	共享与交换频次
1	CIM成果数据	—	在线共享、前置交换、离线拷贝	实时共享、按需交换
2	时空基础数据	行政区	在线共享、前置交换、离线拷贝	实时共享、按需交换
		电子地图	在线共享、前置交换、离线拷贝	实时共享
		测绘遥感数据	在线共享、前置交换、离线拷贝	实时共享、按需交换

续表

序号	一级名称	二级名称	共享与交换方式	共享与交换频次
2	时空基础数据	三维模型	在线共享、前置交换、离线拷贝	实时共享、按需交换
3	资源调查数据	国土调查、地质调查、耕地资源、水资源、城市部件	在线共享	按需共享
4	规划管控数据	开发评价、重要控制线、国土空间规划、专项规划、已有相关规划	在线共享、离线拷贝	实时共享、按需交换
5	工程建设项目数据	立项用地规划、建设工程规划、施工、竣工验收、运行维护、改造或拆除	在线共享、前置交换	实时共享、按需交换
		设计方案 BIM、施工图 BIM、竣工验收 BIM	在线共享、前置交换	实时共享、按需交换
6	公共专题数据	社会、宏观经济、法人、人口、兴趣点、地名地址、社会化大数据	在线共享、前置交换	实时共享、按需交换
7	物联感知数据	建筑、市政设施、气象、交通、生态环境、城市安防	在线共享、前置交换	实时共享、按需交换

3）数据共享服务

CIM 数据读取和共享操作等功能主要通过服务的方式实现。CIM 数据共享服务应将 CIM 数据的描述信息、空间数据的图形及属性信息提供给访问者。CIM 数据及服务类型如表 4.4 所示。

表 4.4　CIM 数据及服务类型

序号	一级名称	二级名称	数据类型	宜采用的数据格式或服务类型
1	CIM 成果数据	—	信息模型	WMS、WMTS、WSC、I3S、3D Tiles、S3M
2	时空基础数据	行政区	矢量数据	WMS、WMTS、WFS
		电子地图	切片数据	WMS、WMTS
		数字正射影像图	影像数据	WMS、WMTS、WCS
		倾斜摄影和激点云	影像数据	WMS、WMTS、WSC、I3S、3D Tiles、S3M
		数字高程模型	数字高程模型	WMS、WMTS、WSC 或 I3S、3D Tiles、S3M

续表

序号	一级名称	二级名称	数据类型	宜采用的数据格式或服务类型
2	时空基础数据	水利三维模型、建筑三维模型、交通三维模型、管线管廊三维模型、场地三维模型、地下空间三维模型、植被三维模型	信息模型	I3S、3D Tiles、S3M
3	资源调查数据	地质调查、国土调查、耕地资源、水资源、城市部件	矢量数据	WMS、WMTS、WFS
4	规划管控数据	开发评价、重要控制线、国土空间规划、专项规划、已有相关规划	矢量数据	WMS、WMTS、WFS
5	工程建设项目数据	立项用地规划、建设工程规划、施工、竣工验收、运行维护、改造或拆除	矢量数据	WMS、WMTS、WFS
		设计方案 BIM、施工图 BIM、竣工验收 BIM	信息模型	I3S、3D Tiles、S3M
6	公共专题数据	社会数据、宏观经济数据	关联行政区的结构化数据	WMS、WMTS、WFS
		法人数据、人口数据	关联位置或行政区的结构化数据	WMS、WMTS、WFS
		兴趣点数据	矢量数据	WMS、WMTS、WFS
		地址数据	关联到坐标的地名地址	WFS-G
		社会化大数据	关联到坐标	WMS、WMTS、WFS
7	物联感知数据	建筑	信息模型	I3S、3D Tiles、S3M
		气象、市政设施、交通、生态环境、城市安防数据	关联坐标或设施的结构化数据	WMS、WMTS、WFS

4.3.3 数据更新

数据更新需要通过建立长效的更新机制，对从业务系统中采集的数据采用自动推送的方式进行实施，对于其他数据，应根据工程建设以及运行维护期的需要进行定期采集。实现不同比例尺、不同类型的空间数据分别入库，将像控点数据、矢量数据、三维数据、影像数据、栅格数据、地名地址数据等导入或更新至各用户数据库中。

入库前需要对数据进行质量检查，符合要求才能入库。数据入库时保留历史入库数据版本，并提供入库版本管理工具，有效地对数据入库过程进行管理，同时可根据需要清除入库历史版本。

基于 CIM 平台的应用特点与平台功能特点，CIM 数据维护可通过后台数据库实现批量更新，或利用平台接口由智能城市行业应用系统（如具备 BIM 变更管理流程的智能工地系统）及由便携式移动数据采集设备进行更新。平台提供自动或半自动的数据更新工具、接口与后台基础数据库更新体系，以完善城市数字镜像，完善平台服务。

1）数据更新要点

①现状数据更新：通过建立长效更新机制，在新数据产生时，业务系统自动将数据写入至 CIM 平台并进行处理发布。

②地理测绘数据更新：在工程建设过程中的不同阶段，由建设方按照建设要求提交项目范围内的地理测绘数据。在运营阶段，应定期进行倾斜摄影数据采集工作。

③地质数据更新：由建设方在工程建设过程中按数据采集要求提交工程地质数据。

④ BIM 模型更新：BIM 模型覆盖建设工程的全生命周期阶段，对于时间跨度大的项目，应至少一年提交一次模型，包括设计模型和施工图模型。

⑤ IoT 以及其他各类智能管理业务系统数据更新：对不同的业务系统进行针对性分析，建立沟通机制和更新机制，以实现数据更新。

通过长效的共建共享机制，以及建立数据更新机制，建设数据更新规范和数据更新辅助系统体系等，形成数据更新机制。

2）数据更新原则

为了保障和加强数据更新的准确性，CIM 数据更新工作还应遵循以下 4 点原则。

① CIM 数据库可采用要素更新、专题更新、局部更新和整体更新等方式进行更新。

②更新数据的坐标系统和高程基准应与原有数据的坐标系统和高程基准相同，精度应不低于原有数据的精度。

③几何数据和属性数据应同步更新，并应保持相互之间的关联，数据更新后应同步更新数据库索引及元数据。

④数据更新时，数据组织应符合原有数据分类编码和数据结构要求，应保证新旧数据之间的正确接边和要素之间的拓扑关系。

3）数据更新机制

① BIM 数据更新机制：结合工程建设项目审批涉及的建设工程规划报批、施工图审查、竣工验收备案等环节，通过相关 BIM 报建报审与验收系统，收集相关 BIM 模型数据，对 CIM 数据库进行定期更新。

② GIS 数据更新机制：根据收集到的数据（如倾斜摄影模型、矢量地图、卫星

影像图等），通过升版替换、重新发布的方式进行更新，如果对接的数据是从第三方云平台提供的，则可以做到实时更新。

③业务数据更新机制：城市业务数据种类繁多，更新机制可归纳为两种：a. 由 CIM 平台本身提供数据接口，第三方业务系统根据通过数据接口定时进行更新；b. 使用 CIM 平台定时抽取第三方业务部门的数据（如通过视图、数据接口等），以保证数据的时效性。

第 5 章　CIM 基础平台

CIM 基础平台是 CIM 管理理念实现的基础，处于整个 CIM 应用总体框架的中间核心层，在 CIM+ 项目的整体应用中起到应用支撑、数据承接、提供服务等关键作用。CIM 基础平台应具备多源异构数据融合，模型轻量化，数据可视化管理、查询、分析，数据的共享分发服务，多种二次开发应用接口组件等核心能力，以满足 CIM+ 业务应用的数据汇聚、数据共享与业务管理需求。本章将重点介绍 CIM 基础平台的架构与核心能力。

5.1　CIM 基础平台的定位与特征

《城市信息模型（CIM）基础平台技术导则》（修订版）对 CIM 基础平台的定义为："城市信息模型（CIM）基础平台是在城市基础地理信息的基础上，建立建筑物、基础设施等三维数字模型，表达和管理城市三维空间的基础平台，是城市规划、建设、管理、运行工作的基础性操作平台，是智慧城市的基础性、关键性和实体性信息基础设施。"

由此可见，CIM 基础平台是定位于城市智慧化运营管理的基础平台，是"智慧城市 / 数字城市的操作系统"。平台基于 CIM 模型和统一的标准与规范，进行多源异构数据集成、统一管理和调度，保障海量模型数据的高效使用，可为城市规划、建设、管理和运行全过程的"智慧"应用以及智慧社会创新服务进行赋能。CIM 基础平台具备基础性、专业性、可扩展性和集成性 4 大特征。

（1）基础性

CIM 基础平台是 CIM 数据汇聚、应用的载体，是智慧城市的基础支撑平台，为相关应用提供丰富的信息服务和开发接口，支撑智慧城市应用的建设与运行。

（2）专业性

CIM 基础平台应具备城市基础地理信息、建筑信息模型和其他三维模型汇聚、清洗、转换、模型轻量化、模型抽取、模型浏览、定位查询、多场景融合与可视化表达、支撑各类应用的开放接口等基本功能，宜提供工程建设项目各阶段模型汇聚、物联监测和分析仿真等专业功能。

（3）可扩展性

CIM 基础平台建设应结合实际情况，从满足基本需求出发，考虑平台框架和数据构成的可扩展性，满足数据汇聚更新、服务扩展和智慧城市应用延伸等要求。

（4）集成性

CIM 基础平台应利用城市现有政务信息化基础设施资源，支撑城市规划、建设、综合管理和社会公共服务等领域的应用，实现与相关平台（系统）对接或集成整合，如智慧城市时空大数据平台、国土空间基础信息平台、工程建设项目管理平台，以及城市规划、城市建设、城市管理等领域的应用系统，支撑和赋能各智慧城市应用。

5.2 CIM 基础平台总体架构

5.2.1 国家—省—市三级 CIM 基础平台架构

根据《城市信息模型基础平台技术标准》，CIM 基础平台根据平台面向用户对象及应用层次的不同，可分为国家、省和市三级平台，三级平台应执行统一标准，实现网络联通、数据共享、业务协同。国家级、省级、市级 CIM 基础平台三级架构如图 5.1 所示。

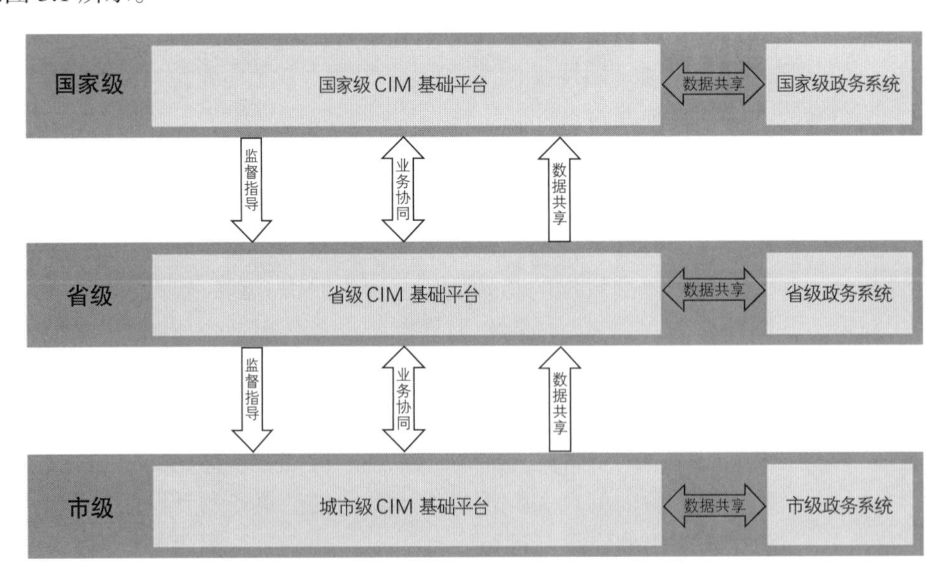

图 5.1 国家级、省级、市级 CIM 基础平台三级架构

国家级、省级和市级 CIM 基础平台应建立协同工作机制和运行管理机制，各级平台纵向之间及与同级政务系统横向之间应建立衔接关系，具体体现在以下 3 个方面。

①监督指导：纵向上，上级平台对下级平台进行监督指导，支撑监测监督、通报发布、应急管理与指导等应用。

②业务协同：纵向上，上下级平台之间要具备业务协同功能，可支撑专项行动、重点任务落实和情况通报等应用。

③数据共享：横向上，各级平台应与同级政务系统实现数据共享互通；纵向上，上下级平台之间也要实现数据共享互通。

5.2.2　市级平台架构

对于市级 CIM 基础平台，平台应能够应对复杂多变的城市规划、建设、管理和运营服务全过程业务，它不仅是一个功能性平台，更是一个支持业务灵活扩展的集成平台，能够承载不同应用领域的创新性应用。总体而言，CIM 基础平台需要解决 CIM 时空处理多种技术集成、多源异构数据融合组织和管理，以及对 CIM+ 应用开发和扩展的业务支撑三大问题。由此，本书采用“中台”技术概念，将 CIM 基础平台划分为 CIM 技术中台、CIM 数据中台和 CIM 业务中台三大部分。CIM 平台架构图如图 5.2 所示。

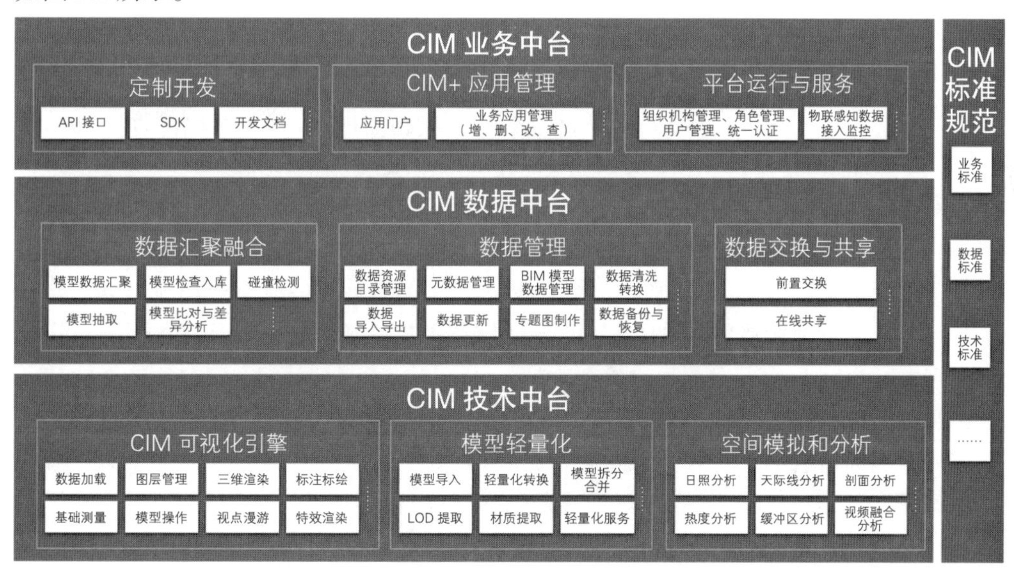

图 5.2　CIM 平台架构图

① CIM 技术中台：实现 CIM 涉及的多种技术集成和底层技术能力构建，提供 CIM 可视化引擎、模型轻量化以及各种空间模拟和分析功能服务，为 CIM 平台提供基础技术服务能力。

② CIM 数据中台：实现对 CIM 数据的汇聚接入，支持空间和非空间数据下的多源异构数据的集成融合，全量数据资产的数据管理、数据治理以及数据交换和共享，为 CIM 应用提供坚实的数据基础。

③ CIM 业务中台：面向上层 CIM+ 应用开发、业务应用运行管理，提供各种二次开发 API 接口、SDK 及相关开发文档，同时提供 CIM+ 应用业务管理以及运行管理服务功能，方便基于 CIM 的各部门、各领域的 CIM+ 智慧应用开发集成和应用创新。

5.3 平台主要功能

5.3.1 CIM 技术中台

（1）CIM 可视化引擎

数据可视化引擎能实现二维数据、三维数据、BIM 数据、物联网数据等 CIM 模型数据的地上和地下一体化、室内和室外一体化、二维和三维一体化、静态和动态数据一体化的浏览显示，支持海量二维数据、多源三维数据的同步加载、浏览、编辑、分析，具有丰富的三维可视化效果。

①数据加载：支持多源异构数据的加载，主要包括正射影像（DOM）、数字高程模型（DEM）、矢量数据（SHP、GeoJson）、倾斜摄影数据（OSGB）、点云数据（las）、手工建模数据（如 fbx、dae 等）、BIM 模型、IoT 数据、互联网在线底图等。

②图层管理：主要对平台加载的图层服务进行管理，主要包括图层操作和图层属性。图层操作主要用于实现指定图层服务的缩放定位、显示 / 隐藏、透明度设置、图层排序等操作；图层属性主要用于实现要素的控制显示、模型阴影的产生和投射、偏移值 / 旋转值设定、包围盒显隐，以及图层的开启缓存、矢量数据注记设置等。

③三维渲染：包括 LOD 动态加载、图像渲染、三维模型渲染等功能，目的是提高客户端数据请求调度的效率，提高并改善 GPU 渲染效率及质量，改善引擎可视化渲染效果。

④基础测量：包括距离量测、面积量测、三角量测、体积计算、角度量测、姿态识别、坐标拾取等。

⑤模型操作：包括模型编辑、模型基础操作、模型单体化、BIM 模型操作等。

⑥查询检索：平台提供多种查询检索方式，便于用户快速定位获取其关注的项目、模型属性等信息，主要包括“一标三实”地名地址查询、坐标定位查询、模型属性查询、工程建设项目查询等。

⑦视点管理：支持用户添加观察角度的视点，并捕捉当前镜头状态（姿态信息、相机视高），以及当前视域图片，备注视点标签名称，方便后期查看检索。平台提供视点编辑管理功能，便于编辑修改已有视点。

⑧漫游管理：包括视图漫游、路径漫游、自由漫游等，用户可结合实际业务场景选择相应的漫游方式。

⑨标注管理：包括对二维地图、三维模型、BIM 模型等数据的标注管理，平台提供点、文本、图标、DIV 弹窗等多种形式进行标注，支持对标注实施编辑、删除等操作。

⑩标绘管理：支持在场景放置标绘模型进行城市规划设计，包括在场景中绘制二维图元或放置三维模型，并对绘制的图元或模型进行管理。

⑪特效渲染：平台提供不同维度、不同类型的特效渲染呈现方式，主要包括点特效、线特效、面特效、体特效、粒子特效、场景特效、地图特效等。

⑫相机快照：平台引擎提供快速截图功能，可以对三维窗口进行快速捕捉和存储，将三维地形窗口的影像保存为 BMP、JPG、PNG 格式，便于传阅、分析和保存，同时用户还可以自定义设置图片的尺寸，便于输出高分辨率的可用于打印制图的图片。

（2）模型轻量化

为满足 BIM 等三维模型在 Web 端、客户端的快速调用及可视化展示的应用需求，需要对较复杂的、模型数据量大及模型面数较多的三维模型进行轻量化处理，以满足模型在应用、数据加载、可视化渲染上的需求，同时也减少服务器、客户端设备的资源占用和资源消耗。

①模型导入：可以选择本地的三维模型文件（如 rvt 格式）导入，也可以通过读取 BIM 模型服务将其导入，以便进行轻量化操作，同时可设置 BIM 模型转换的参数，对相应的转换参数进行编辑、调整。

②模型轻量化转换：采用 LOD 构造、实例化提取、纹理压缩等模型轻量化技术，对三维模型进行轻量化化简和转换。

③模型拆分与合并：由于部分三维模型在建模时创建的族类型较为复杂，在最终的模型中单个对象较多，且三角面过多，导致场景性能较差，需要通过拆分子对象的方式将单个对象拆分为多个小对象。对于小型模型的导入，提供模型合并功能，将多个小型模型对象合并成一个整体模型对象，以支持在入库和分析时以一个整体模型进行应用。

④ LOD 提取与轻量化：可以根据三维模型的 LOD 级别进行提取和轻量化，减少三维模型的大小，便于在大场景里面加载和浏览模型。LOD 的划分应满足国家标准要求。

⑤ BIM 图片材质提取：支持提取三维模型的图片材质。如果图片材质是共享的，则支持材质索引，以减少导出三维模型中的图片材质数据的存储。

⑥模型轻量化服务：将模型轻量化功能发布成服务，外部应用可以通过接入服务或引入库的方式实现模型轻量化。

（3）空间模拟和分析

CIM 平台应具备从建筑单体到社区和城市的模拟仿真能力，基于二维地图、三维模型、BIM模型等数据，提供数据分析和模拟仿真能力，通过仿真的事前分析与模拟，协助各项决策。空间模拟分析包括但不限于以下几点功能：

①日照分析：实现基于不同日期的一天24小时的光影变化，显示真实时间日照情况下系统的光影变化，且可通过操作时间变化来模拟三维模型在系统里随着光照不断变化的效果。

②天际线分析：通过控制观察视角、设置效果图参数（如天际线背景颜色），分析生成特定视角下的城市天际线，还可以下载导出分析结果。

③剖面分析：指定剖面线，输出剖面线与地形数据沿某条线（截面）的变化或剖面线所截的模型建筑物、地下管线等的轮廓线。

④热度分析：结合实际地理实体要素分布，按照不同时间变化情况以热力图的形式呈现实体密度分布情况（如人口、产值等）。

⑤缓冲区分析：以点、线、面实体为基础，自动建立其周围一定宽度范围内的缓冲区多边形图层，通过与目标实体要素叠加进行融合分析。

⑥叠加分析：对在空间位置上有一定关联的空间对象的空间特征和专题属性之间的相互关系进行分析。通过叠加分析，能够发现多层数据间的相互差异、联系和变换等特征。

⑦视域分析：模拟人眼或摄像头设备，支持自定义取点、自定义高度、自定义视角距离和方位角等，对人眼或摄像头设备的可视范围进行分析，为追查高空抛物、刑侦、城市管理、城市规划等业务场景提供服务支撑。

⑧通视分析：对于三维地图场景，在确定的观察位置、角度，确定是否通视，主要应用于旅游风景评价、房地产视线遮挡判断以及通讯信号覆盖分析。

⑨控高分析：根据地块的控制性高度要求，对建筑的高度进行分析，监测其是否处在控高范围。控高值可自行设置，也可调用控规数据进行分析。

⑩退让分析：根据用户在三维场景中绘制的道路线或加载平台已有的道路数据，设置退线距离，分析建筑物应距离城市道路或用地红线的程度。

⑪填挖方分析：根据设计高度，分析一定范围内的挖方体积和填方体积，并在三维场景中绘制多边形计算挖填方结果。

⑫视频融合分析：通过监控视频数据流提取视频帧，并将其投射到三维空间场景里，实现视频数据与三维场景数据的全时空立体融合。

5.3.2 CIM数据中台

（1）数据汇聚融合

CIM平台作为城市基础数据底座，需要具备汇聚融合城市海量多源异构数据的能力，并将汇聚的各类数据通过数据源清洗、数据坐标格式转换、数据检查等数据治理步骤处理，达到平台数据入库的要求，以实现数据的汇聚融合，便于后续实现对各项数据的存储、管理以及调用等功能。

①模型数据汇聚：CIM 平台通过云计算、大数据、互联网、IoT、GIS、倾斜摄影等技术实现平台实时互联、在线接入城市各类信息数据。这些数据来自各政府部门、企事业单位和社会公众，包括基础地理信息、城市现状三维信息模型数据、工程建设项目各阶段二维及三维 GIS 数据、多源 BIM 模型数据、“多规合一”管理平台数据、基础设施专题数据、物联网实时感知数据、其他普通三维模型数据等。

②模型检查入库：对汇聚至 CIM 平台的 BIM 数据进行入库前检查。首先需要按照 BIM 模型交付标准进行基础信息检查，包括文件命名与数据组织、属性数据质量、空间是否重叠交错、构件属性完整性等；其次检查 BIM 模型的上传入库、发布是否符合相关要求，并将最终的检查结果以清单列表形式展示出来，可查看检查结果详情，包括模型名称、检查状态、执行检查时间（开始时间、结束时间）、执行信息结果、操作等。

③碰撞检测：碰撞检测是利用 BIM 技术消除变更与返工的一项主要工作。利用 BIM 的三维技术在前期进行碰撞检查，直观解决空间关系冲突的问题，优化工程设计，减少在施工阶段可能存在的错误和返工，并优化净空及管线排布方案。碰撞检查分为硬碰撞和软碰撞两种。在模型校核清理链接后，通过碰撞检查系统运行操作并自动查找出模型中的碰撞点，用于完成场景中所指定的任意 2 个图元，根据指定条件进行碰撞和冲突检查，并对结果进行显示和管理。

④模型抽取：使用应用程序接口（API）进行二次开发，实现从 CIM 平台汇聚的各类模型（如 BIM 模型、城市现状三维模型、规划现状模型等）中提取数据的功能。如对进行其中对 BIM 模型信息的提取主要分为两大内容：a.BIM 模型中所有的构件清单；b. 所有构件所带有的属性参数。将所有构件具有的参数化属性信息提取出来即可得到完整的模型信息。

⑤模型比对与差异分析：支持对平台中同一个模型不同版本之间的比对、同一个项目不同过程之间的比对以及差异分析（如施工 BIM 模型和竣工 BIM 模型）。

（2）数据管理

CIM 平台对其汇聚融合的城市海量数据需要具备相关的数据管理功能，以便实现数据合理分类、有序存储、及时调用等数据应用服务。平台数据管理需实现数据资源目录管理、元数据管理、BIM 模型数据管理、数据清洗、数据转换、数据导入导出、数据更新、专题图制作、数据备份与恢复等功能。

①数据资源目录管理：将汇聚至平台的各类数据资源根据相关数据标准规则要求，按门类、大类、中类等级别进行目录分类，组织成不同的数据资源目录结构，可依据需求对目录进行增、删、改等操作。用户可以通过提供标题、关键词、摘要、全文、空间范围、登载时间等条目，对平台中的各类资源进行组织、管理和调用。

②元数据管理：元数据是描述平台数据的详细信息数据，对元数据的管理主要包括管理数据类型、来源、数据版本、覆盖区域、数据编码、比例尺、坐标参照系统、

投影类型、投影参数、高程基准等相关信息，可以对这些信息进行新增、删除、修改、查询、授权、启用及停用等操作。

③ BIM 模型数据管理：平台的 BIM 模型数据管理主要体现于对经过数据汇聚治理后上传的 BIM 模型数据实现存储利用的过程，具体包括发布 BIM 模型、BIM 模型预览、BIM 模型文件更新、模型版本管理、模型导出等。

④数据清洗：对汇聚至平台的各类数据，平台需要具备数据清洗功能，对接入的数据进行清洗、纠正数据错误、检查数据一致性、处理无效值和缺失值。该功能由系统后台设定的清洗规则实现，无须用户操作。

⑤数据转换：对入库后的数据，平台应具备根据数据库设计的要求进行一致性转换，主要包括格式转换、坐标变换、投影转换和数据压缩等。利用转换规则，支持用户对传入的非格式化数据进行识别，转换为标准化数据。该功能由系统后台处理，无须用户操作。

⑥数据导入导出：平台支持数据导入导出功能，用户可以根据需求，按照数据导入导出的要求，导入或导出需要的相关数据，如“多规合一”平台数据、工程建设项目全生命周期数据、地形数据、影像数据、三维模型数据、BIM 模型数据、矢量数据及物联网数据等。

⑦数据更新：CIM 平台应提供对平台数据库中各分库、子库、要素、属性和其他信息的更新与维护功能，实现数据按范围、按时间、按类型更新。同时实现业务数据、主题数据的自动入库更新，支持现有数据库按增量更新和按范围更新。数据更新前，应根据相关规定和数据库建设方案对数据成果质量进行全面检查，并记录检查结果，对质量检查不合格的数据予以返工，质量检查合格的数据方可进行数据更新。

⑧专题图制作：CIM 平台可提供基于矢量和栅格数据制作专题图的功能，支持的专题图类型包括单值、分段、标签、统计、等级符号、点密度、自定义、栅格单值和栅格分段等。

⑨数据备份与恢复：为应对文件、数据丢失或损坏等可能出现的意外情况，平台应具备数据备份与恢复的功能，将计算机存储设备中的数据复制到大容量存储设备中，使用第三方的专用数据恢复软件，能针对删除、格式化、重分区等深度损坏执行恢复操作。

（3）数据交换与共享

CIM 平台应支持数据共享与交换功能，实现城市相关管理部门的数据互联互通，促进业务协同。数据交换可采用前置交换或在线共享方式。

①前置交换：可通过前置机交换 CIM 数据，提供 CIM 数据的交换参数设置、数据检查、交换监控、数据上传下载等功能。

②在线共享：提供 CIM 数据浏览、数据查询、数据下载、数据订阅、消息通知等方式共享 CIM 数据。

5.3.3　CIM 业务中台

（1）定制开发

面向上层 CIM+ 应用开发，提供模型 API、开发指南和示例 DEMO，便于各部门、各领域 CIM+ 应用开发方可以基于 CIM 基础平台的数据和功能，根据自身的业务特点定制开发业务应用系统，如智慧住建、智慧交通、智慧水务等。针对开发人员提供开发 API SDK，便于开发人员快速开发相应的功能模块，主要包括资源访问类接口、项目类接口、地图类接口、三维模型类接口、BIM 类接口、控件类接口、数据交换类接口、事件类接口、实时感知类接口、数据分析类接口、模拟推演类接口、平台管理类接口 12 大类。

（2）CIM+ 应用管理

对于不同的业务主题，平台支持用户通过应用管理来维护 CIM+ 业务主题应用（如城管、生态、水务等），提供业务应用的增、删、改、查等一系列操作，便于对各部门、各领域 CIM+ 应用的动态管理和维护。

（3）平台运行与服务

CIM 业务平台应提供组织机构管理、角色管理、用户管理、统一认证、平台监控、日志管理等功能，支持 CIM 资源、服务、功能和接口的注册、授权和注销等；同时支持物联感知数据动态汇聚与运行监控，实现对建筑能耗、气象、交通、城市安防和生态环境等指标监测数据的读取与统计、监测指标配置、预警提醒、运行状态监控、监控视频融合展示等功能。

5.4　平台安全防护

以可实施性、可管理性、安全完备性、可扩展性和专业性为原则，依据《信息安全等级保护管理办法》，CIM 平台在系统安全方面应满足计算机信息系统安全等级保护三级的相关要求。CIM 平台安全防护主要涉及平台安全、数据存储安全、基础设施安全、安全管理和运维四大方面。CIM 平台整体架构如图 5.3 所示。

（1）平台安全

平台从应用管理、用户管理、登录认证、接口认证、角色授权、服务授权、数据分级授权、数据范围授权、通信加密等方面保障平台的安全。

①应用管理：平台对外提供的功能、服务、数据需要有相应的 App Key、App Secret 才可获取，应用管理提供用户创建应用并获取 App Key 和密钥的功能。

②用户管理：数据中台有统一的用户中心，对用户的账号、密码进行统一管理。有了账号和密码，用户才可登录平台。

③登录认证：用户通过统一的登录入口，以账号、密码的形式进行登录。

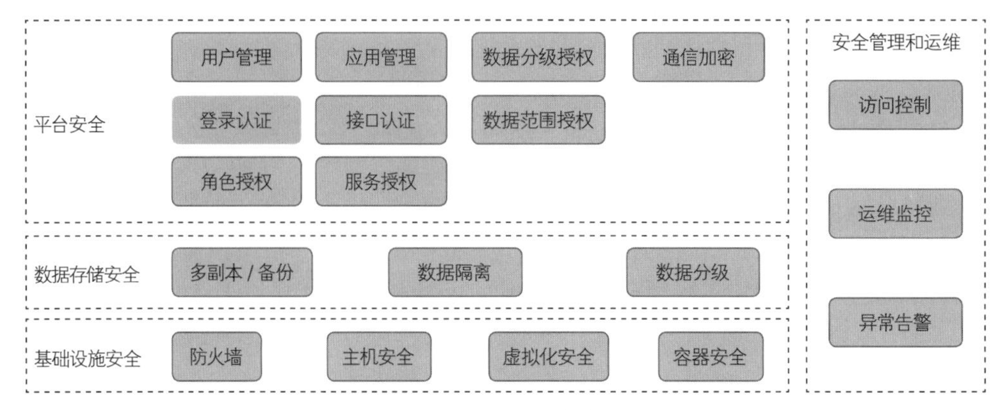

图 5.3　CIM 平台架构图

④接口认证：只有通过用户中心认证的账号才有访问平台接口的权限。平台对外提供的接口需要配置相应的应用 token 认证才能接收到相应接口的数据。

⑤服务授权：平台对外提供的接口可以按照账号来指定接口访问的权限，即某个账号可按需要指定能访问哪些接口。

⑥角色授权：按角色划分资源的权限，不同角色获得的资源权限不同。通过范围设置，实现资源表字段级别的权限控制。

⑦数据范围授权：用户可以通过申请数据资源范围，经平台通过授权审批后，获得数据查看、使用的权限。在授权时还可以进一步细分权限。支持按行级权限授权（按表字段属性过滤），另外还支持按列级授权。

⑧数据分级授权：用户将不同安全等级的数据（1—可向社会公众开放的数据；2—普通业务过程数据；3—身份和商业敏感数据；4—安全凭证类数据）根据用户权限的不同，进行不同等级的授权。

⑨通信加密：保障数据在传输过程中的安全性，对外提供的数据服务采用 HTTPS 高安全的数据传输协议，保证在通过接口访问、处理、传输数据时的安全性，避免数据被非法访问、窃听或旁路嗅探。

（2）数据存储安全

①多副本 / 备份：为了避免硬件故障导致数据丢失，采用多副本冗余机制，分布在多个不同存储设节点上，在单个节点发生故障的情况下，数据可以从其他节点恢复，以保障数据安全性。

备份与恢复是为了提高 CIM 平台数据的高可用性和灾难可恢复性，在数据库系统崩溃的时候，没有数据库备份则无法找到数据。保证数据可用性是确保数据安全的基础。CIM 数据中台有定期备份机制，从而保证数据的可恢复性。

②数据隔离：包括数据源数据隔离和数据库实例隔离。数据源数据隔离通过配置不同的数据源引擎实现数据隔离，由于不同数据源引擎之间是有数据隔离的，因此不同数据源之间的数据无法直接访问。数据库实例隔离通过划分不同数据库，实现对数据存储层面的隔离。

③数据分级：在模型定义时将数据按照不同的安全进行数据分级，通过指定属性字段的安全等级（1—可向社会公众开放的数据；2—普通业务过程数据；3—身份和商业敏感数据；4—安全凭证类数据）进行控制。

（3）基础设施安全

①防火墙：根据不同的安全要求设置防火墙，保护主机免受网络攻击、端口扫描等。

②主机：对物理主机进行安全防护，包括以下 4 个方面。

a. 防暴力破解：对暴力破解行为进行检测，并对触发云主机防暴力破解规则的行为进行拦截。

b. 入侵攻击防御：针对不同分组设备创建不同的入侵防御模板，在不同模板中添加相应的防御规则。

c. 安全基线：宿主机及云主机内扫描设定的检查项，对不合规项进行统计上报，同时系统给出相应的建议操作，保障云环境的安全合规。

d. 网卡流量统计：网卡流量统计模块可以使管理员在控制中心清楚直观地查看各个主机网卡的流量情况，实现各主机流量的统一管理查看，快速定位存在流量异常的云服务器。

③虚拟机：对虚拟机安全进行防护，包括以下 4 个方面。

a. 虚拟化安全防御：平台从 3 个虚拟化方面对安全进行防御：按照位置分开虚拟机；按照服务类型分开虚拟机；在整个虚拟机生命周期内实施有预见性的安全管理。

b. 使用安全机制：平台通过提高防御能力、使用虚拟防火墙、合理分配主机资源、保障远程控制台安全、根据需要分配权限等方面来保障使用安全。

c. 虚拟可信计算技术：平台通过虚拟监控机提供的隔离和监控机制和虚拟技术提供的隔离机制将实体运行空间分开；通过监控机制动态度量实体的行为，发现和排除非预期的互相干扰。

d. 虚拟机安全监控：通过安全资源池的虚拟安全能力提供预防类安全服务，包括系统漏扫、配置基线核查和 Web 漏洞扫描等。

④容器安全：容器不运行时称作“镜像”，运行时称作“容器”。容器运行安全自然也包括镜像安全。平台通过实施以下几个方案保障容器安全。

a. 只从信任的镜像仓库获取镜像，避免随意下载镜像。

b. 对私有镜像仓库的镜像进行安全扫描。

c. 上传镜像时对镜像进行签名。

d. 容器内容信任机制能够保证镜像发布者和镜像内容的完整性，容器集成了 Notray 来管理镜像签名。

e. 客户端开启内容安全机制，只下载签名的镜像。

f. 生产和预生产系统只允许从私有镜像仓库下载镜像。

g. 尽量用非根（root）用户运行容器。

h. 如果用根用户运行容器，避免使用 priviledged 模式，而是根据应用的需求把特定的 Linux 能力授权给容器（在容器中设置 Seccomp、AppArmor、SELinux 安全策略，减少能够调用的系统资源，增强容器安全边界）。

（4）安全管理和运维

①访问控制：提供权限管控功能，对不同的子账号可给予全权限、只读权限、基本操作权限等不同权限，实现对资源操作的权限管控。

②运维监控：平台对集成的数据资源、集群和资源节点进行监控，主要监控其 CPU 占用、节点内存、JVM 内存、磁盘空间、文件调用、进程运行情况等方面。

③异常告警：平台能统一提供 ELK 日志监控服务，所有应用的日志都可以在 ELK 中进行分析和查找，也能集成 skywalking 对服务链路进行监控，出现异常时，立刻告警。

第6章　CIM+ 应用

6.1　CIM+ 工程建设项目审查审批应用

6.1.1　CIM+ 项目用地规划选址审查

CIM+ 项目用地规划选址审查，用于建设项目用地的智慧化选址及审查，辅助城市规划行政主管部门根据城市规划及相关法律法规对建设项目用地进行确认或选择，实现建设项目用地预选，生成项目用地预选数据包，并进行规划用地的审批，核发用地选址意见书。

CIM+ 项目用地规划选址审查，基于 CIM 规划管控类数据，集成项目选址的评审指标，进行建设项目用地选址、评审会商、审批等业务功能的搭建，实现对项目选址地块数据的辅助分析，评判当前的项目选址是否与城市规划原则相符合。若选址的预选数据存在异议，可基于系统发起评审会商，邀请专家进行评审评价。最后对通过评审的选址地块完成审批，核发用地选址意见书。通过选、评、审的全业务流程，实现项目用地选址的智能化、协作化，简化流程，提高办事效率。

（1）项目用地规划辅助选址

面向项目用地申请人和项目用地审批部门，根据项目的实际用地需求生成选址条件，基于现有的控制性规划数据进行预选址操作，检索出满足要求的地块。同时可以在 CIM 底图上定位地块具体位置、查看地块详情，以直观可视的方式快速实现项目选址，减少选址的步骤和时间，大大提升工作效率。建设项目用地规划选址示意图如图 6.1 所示。

（2）项目用地选址分析

辅助项目用地审批部门实现建设用地选址分析，基于用地规划指标分析已选择的项目地块是否满足项目用地需求，如开发强度、用地规模、控制要求等参数是否合理，通过系统展示用地规划分析结果，评判该选址地块的指标参数的匹配度，得出项目是否可以选择此地块的初步结论。

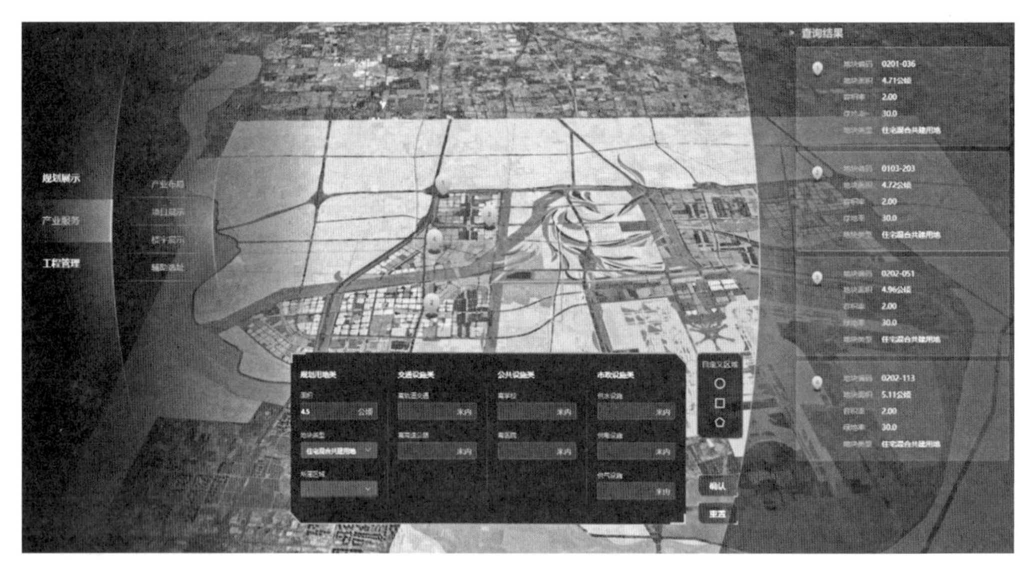

图 6.1　建设项目用地规划选址示意图

（3）用地选址评审会商

在初步确认用地选址合理性的过程中，可以组织专家进行用地评审会商。用地审批会商结合软、硬件设施，实现审批会商会议室的建设，包括数据展示大屏端、控制移动端等。在会商过程中，汇报人员可通过 CIM+ 项目用地规划选址审查系统展现规划方案、参数数据、规划冲突点，采用图、数联动的方式全面展现用地规划预选择的详情，也可以在规划方案上进行信息批注，实时输出会商的审批意见等。

（4）项目用地审批

实现建设项目用地审批流程，基于系统预选址的结果及相应的预审批的结论、参数比较结果等，填写和申报项目用地选址信息，申请用地规划审批文件。用地审批部门根据用地规划的分析评审、会商结果进行用地审批，出具相应的选址意见书。

6.1.2　CIM+ 项目规划辅助审查

CIM+ 项目规划辅助决策是基于 CIM 的项目规划辅助审查系统，用于实现各类工程规划设计方案的审查，如建筑项目、市政工程、地下管线工程的项目规划设计方案。各类工程方案以三维的方式呈现，与现有的概况、规划等进行比对，审查方案的设计指标是否满足规划要求，并通过相应的分析功能审查方案的合理性，如建筑方案与城市天际线规划是否冲突、建筑视域走廊与规划目的是否不符等。CIM+ 项目规划辅助审查的主要应用内容包括项目规划审查规则指标库、基础审查、三维辅助审查分析和多方案比选分析。

（1）项目规划审查规则指标库

通过对建筑工程、市政工程和轨道交通工程等相关专业规范条文中可量化的指标进行梳理和拆解，梳理项目规划审查规则并集成用地类型、控高、光照、退红线等指标要求，将规则转换为计算机可识别、可计算的机器语言，形成基于 BIM 和 CIM 的项目规划审查综合指标和规则库，以支撑项目方案审查时根据项目类型自动匹配对应的指标参数集，为项目规划辅助审查提供基础。

（2）基础审查

实现项目规划设计方案模型数据导入，便于色彩、形态、外观、体量、通视等直观表达，辅助从三维视角审查拟建建筑与周边环境的融合性，实现对设计方案的空间管控；基于项目规划审查规则指标库，对项目规划设计方案进行空间管控和合规性审查，实现对项目的用地性质、容积率、户型、高度设计、外立面、配套设施、配建指标等的基础性审查功能。

（3）三维辅助审查分析

利用 CIM 三维空间分析技术能力，实现三维场景下的项目通视分析、视域分析、天际线分析、断面分析、剖面分析、控高分析、日照分析等智能分析应用，以直观的方式进行方案辅助审查，提高审查效率。

（4）多方案比选分析

支持项目规划设计方案进行多方案比选分析，允许导入同一项目的多个不同规划设计方案，并在同一位置加载，在三维场景中进行直观查看、切换对比分析。同时还支持多屏联动比选分析，通过多屏多窗口的数据联动和视觉联动，实现不同方案间的数据指标、空间效果等的直观对比分析。此外，还可以基于方案对比，进行控制指标调整、建筑高度调整、建筑位置调整等，辅助项目方案对比审查。多方案比选分析示意图如图 6.2 所示。

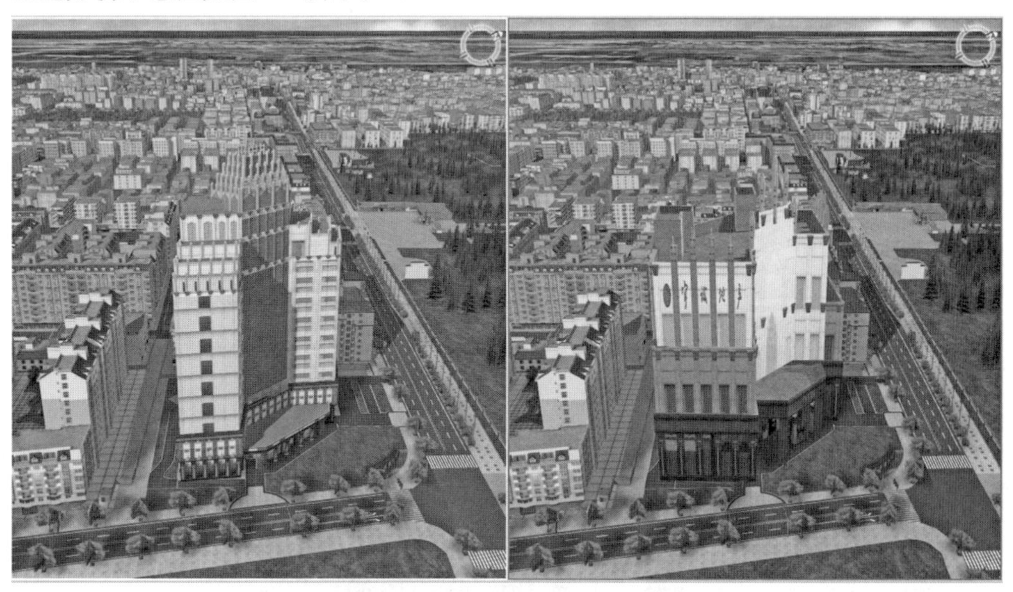

图 6.2　多方案比选分析示意图

6.1.3 CIM+ 施工图审查

施工图审查是指由建设主管部门认定的施工图审查机构按照有关法律法规，对施工图中涉及公共利益、公众安全和工程建设强制性标准的内容进行审查。这一阶段重点关注施工项目的形状样式、位置关系、方向、标高等指标。传统施工图审查依赖于纸质或电子版的二维方案图纸，由人工进行审查，存在审图尺度不一致、审图质量难以准确掌握、人工审查成本高、时间长、效率低等问题。利用CIM/BIM技术，基于CIM平台构建施工图数字化智能审查系统，使施工图BIM模型按国家建筑、结构、机电、消防等标准规范审查要求进行智能辅助审查，实现施工图审查在线化、数字化、智能化，大幅提升审图质量和审图效率。CIM+ 施工图审查，主要包括数字化申报、数字化审查、数字化监管 3 大功能模块。

（1）数字化申报

数字化申报面向建设单位、勘察单位和设计单位，将工程建设项目的勘察成果、设计成果上传至 CIM 平台，同时建立以 BIM 审查技术标准、模型交付标准、数据标准为基础的标准体系，通过自审自查插件工具将各类设计软件的 BIM 模型成果转换为格式统一的审查模型，提高设计企业上传 BIM 模型的准确率。

（2）数字化审查

数字化审查具备二、三维审查，自动审查，人工审查，生成审查报告等功能，可实现对建筑、结构、水、暖、电、人防、消防、节能及装配式等专业的二三维联合审查。通过拆解建模标准、设计强制性条文并将其内置到系统中，也可通过规则定义工具自定义审查规则，实现对建筑消防及结构专业的 BIM 智能审查，自动生成审查报告。数字化审查能够减少审查人员的重复工作量，同时降低失误率，提升审查的技术水平，提高工程建设项目审批的效率和质量。二、三维融合智能审查示意图如图 6.3 所示。

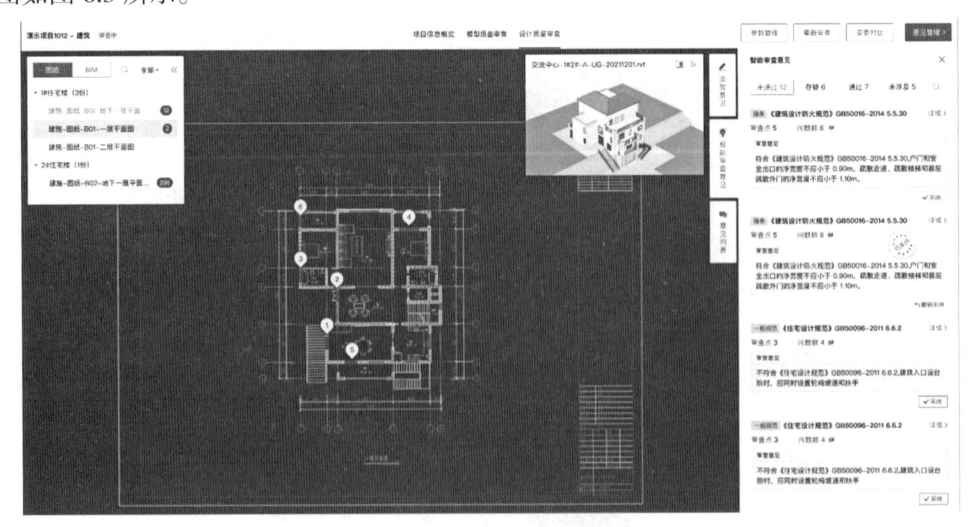

图 6.3　二、三维融合智能审查示意图

（3）数字化监管

数字化监管面向政府主管部门，提供对图审中心、图审机构、勘察设计单位、建设单位等相关单位的业务监管功能，实现备案抽查监管业务闭环管理，通过“AI+大数据”辅助、积分制、动态差异管理、行政处罚等举措，实现施工图审查业务的有效监管。

基于 CIM/BIM 施工图三维数字化智能审查系统，可实现快速机审与人工审查协同配合，减少人工干预。通过三维数字化审图，全面有效提升数字化审图水平，为建设、人防、消防等多部门联审管理提供支持，缩短施工图审查周期，提高审查质量和效率。

6.1.4　CIM+ 竣工验收备案

竣工验收阶段主要包括规划、国土、消防、人防等验收及竣工验收备案等。CIM+ 竣工验收备案，通过 CIM 平台实现实物模型与规划模型、施工模型与竣工模型的差异对比分析，并对竣工环节涉及的不同类型的验收文件进行归集和模型挂接，辅助项目验收和归档。

（1）模型对比审查

通过对实际建造的建筑外形进行扫描形成建筑实物模型，并将该模型与规划模型进行比对分析，核查工程范围、外形、高度、尺寸有无不符合设计要求的问题，辅助规划核实环节的验收工作。同时，还可将最终的竣工模型与施工模型进行比对分析，通过对建筑及其内部构件的精细化审查，辅助建设项目消防、人防工程的联合审查验收。

（2）多源竣工信息整合

基于 CIM，围绕工程项目竣工验收相关要求，将竣工验收需要的施工设计图样、设计说明书、变更通知单、变更图纸以及勘察、设计、施工、监理单位提交的质量检查或评估文件，与规划核实、消防验收、人防验收结果关联在同一个竣工信息模型中，实现各环节的信息共享，为项目的竣工验收备案提供综合信息模型支撑。

6.2　CIM+ 城市建设

6.2.1　CIM+ 智慧工地监管

基于 CIM 平台并结合智慧工地，将施工过程中涉及的人员、机器、物料、方法、环境等生产要素进行数字化，对施工项目的技术、生产、质量、安全、成本等各方面的现场活动进行数字化，利用 CIM 的数据分析与空间展示能力，实现工程项目进度、质量安全、劳务实名制、绿色施工监管等 CIM 应用，实现工程建设项目在质量、进度、安全、物资、商务等方面的数字化、精细化、智慧化管理，提升工程项目的管理水平，辅助政府监管，做到有据可查、可追溯。

（1）工程项目进度监管

基于 CIM 平台，结合智慧工地和 BIM 技术，可直观查看三维模型施工过程，通过关联材料、设备、人员及时间等信息编制进度计划，可采集现场施工与进度计划的对比偏差等信息，构建进度编制、优化、监控、纠偏体系，实现工程项目进度的有效管理和优化调整。

（2）质量安全监管

基于 CIM 平台，运用 BIM 技术的施工仿真模拟、碰撞检测、场地规划等功能实施项目质量安全的事前预防、事中控制、事后检查。CIM 平台支持运用 BIM 技术进行受力计算，保证施工规范安全并进行碰撞检测与安全检查，对隐患部位进行参数化建模并与实际工程相结合，从而排除安全隐患，确保施工安全。同时运用 BIM 施工模拟开展危险源识别、安全培训、安全检查、场地布置等工作，以规避易发生的危险。

（3）劳务实名制监管

劳务实名制监管以居民身份证为实名制基础信息来源，并采用身份识别技术，对施工现场的管理人员、特种作业人员和普通从业人员进行实名制监管。实现对现场劳务队伍、劳务人员数量、工种分布等信息的实时查看和数据多维分析。

（4）绿色施工监管

将各建设工程的扬尘、噪声、现场气象、车辆清洗检测数据统一接入建设工程监管平台，实现对建筑工程施工现场环境的实时监测与管理功能。当出现各类超标事件时，能自动取证并发出超限报警提示。

6.2.2 CIM+ 城市体检

CIM+ 城市体检是指根据城市体检指标对城市进行定期体检、跟踪问效、动态监测，形成“体检→诊断→分析→规划→建设→评估反馈”的全周期城市体检闭环，为城市提供常态化城市体检服务。CIM+ 城市体检示意图如图 6.4 所示。

（1）城市体征运行状态监测

城市体征运行状态监测主要用于对城市运行状态进行全面监测以发现问题，通过可视化引擎的结合展示呈现城市体检指标要求的运算结果；通过数据空间落图展示并结合丰富的数据图表，展现指标运行状态的监测结果。

（2）城市体检诊断分析

在城市体征运行状态监测对各项指标进行计算并呈现的基础上，根据这些指标以及对应的数据因素，呈现指标结果的分析评估，包括对结果指标和数据因素的多

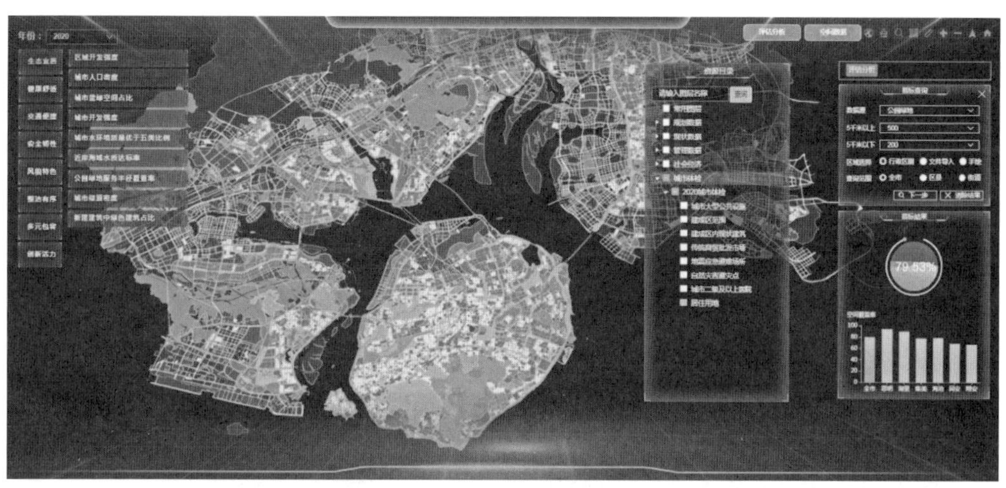

图 6.4　CIM+ 城市体检示意图

维度分析。城市体检诊断分析支持规划决策者定期掌握城市现状情况、历史发展趋势，监测并反馈现状与实施效果的目标差距及原因。

（3）辅助决策支持

根据城市体检诊断分析的结果，对城市存在的痛点、难点、热点问题进行细化分析，开展专项关联图谱分析，找出病灶病因，提供决策支持，给出解决方案建议，辅助城市更新建设及人居环境治理与提升。

（4）生成体检报告

根据城市体征运行状态监测与城市体检诊断分析结果，自动输出体检报告，可进行年份 / 季度选择、新增和自定义模板、选择输出格式（支持 DOC 和 PDF 等文档）、定义标题，对生成的文件可直接进行分享、传送等。

通过搭建基于 CIM 的城市体检信息系统，着力全面检测与评估“城市病”，发现问题，找准病因，推动城市高质量、健康发展，进一步提升城市治理系统化、精细化、智能化水平。同时结合本地实际，不断完善城市体检指标体系，建立完善长效管控制度，形成城市常态化定期体检并生成报告，建立符合城市管理特色需求的辅助决策支持系统，初步建立统筹协调机制。

6.2.3　CIM+ 城市更新

城市更新的目的是改善城市面貌和居民的生活环境，核心在于提升整个区域的居住环境和公共配套，是对城市现存环境中内部功能、建筑、空间、环境进行的必要的调整和改变。从城市发展角度来看，城市更新是盘活土地价值，挖掘城市空间服务能力，实现人与空间良性互动，激发老旧小区的新活力。CIM+ 城市更新示意图如图 6.5 所示。

图 6.5　CIM+ 城市更新示意图

（1）老旧小区改造

①改造建筑信息查询：通过 CIM 平台服务建立改造建筑信息名片，在平台中将建筑模型分为 3 类旧改建筑，用颜色区分，如红色代表改造类，黄色代表完善类，绿色代表提升类。同时，在建筑模型上标记城市信息名片卡，包括建筑年份、有无电梯、楼层数、户数、业主意愿等重要信息集，在 CIM 平台中明确建筑的位置，使建筑所处的区域和重要程度一目了然。CIM 平台还能对特殊建筑进行区分，如吊脚楼、寺庙、礼堂等重要文物建筑，起到文物建筑保护作用和规划作用。

②规划改造设计：基于 CIM 平台，利用三维可视化技术展示改造小区与周边小区的不同之处，发现缺少的综合公共服务、老旧小区配套设施资源、市政基础设施等问题，帮助人民群众了解自身小区的不足。其次，利用 CIM 平台对改造小区的改造内容分类，划分改造区域以及跟踪改造进程，广泛征求群众意见，辅助改造规划进行。最后，利用 CIM 平台多元化信息分析能力建立人员流动分析图，对改造小区内的广告位进行推广，以获得部分改造资金，辅助招商引资推进。

（2）建（构）筑物更新管理

基于市级 CIM 基础平台，盘点目标范围在建筑物年限、土地使用情况、公共服务设施状态、交通环境设施能力等方面的突出问题和短板，实现城市更新专题图层、老旧小区微改造图层、城市更新图层叠加分析，推动城市结构优化、功能完善和品质提升，辅助科学有序地实施城市更新行动。

（3）危旧房屋监测

基于 CIM 平台实现对农村危房的可视化展示、实时动态监测，以及智慧化监管。在暴风雨雪季节及时预警，并报告给相关职能部门，及时采取措施确保所有保障对象的住房安全。

（4）危旧房屋改造

基于CIM平台，可对危房改造施工现场实施远程监控，对扬尘、噪声等环境指标实时监测，对现场人员、材料、执法、巡检进行线上管理，全周期监管危旧房屋改造进程。

（5）多维评估

基于CIM平台，结合人口、交通、设施、用地布局等客观因素对城市发展建成环境进行多维评估，识别城市发展潜力提升区域并推荐更新项目位置，主要包括以下两方面的内容。

①多维画像分析：围绕用地效益、人口分布、交通运行、公服设施、更新成本等多个维度，提供用地分析、人口分析、交通运行分析、公服设施配置分析、更新成本估算、备选地块推荐等功能，实现对城市发展建成环境的多维评估。

②地块潜力评估：支持用户通过筛选产权性质、用地性质、用地面积等条件，识别城市更新的备选地块。对于备选地块，支持用户根据用地效益、人口分布、交通运行、公服设施、更新成本等要素进行筛选、设定权重和综合分析，实现不同条件下的城市更新备选地块的综合比较和判断工作。

（6）更新决策

基于CIM基础平台，对更新项目及设计方案进行综合管理，通过数字模拟手段分析项目建成对城市人口、交通、经济、公共服务设施配套等带来的影响，围绕项目选址、项目规划设计条件、项目设计方案等环节辅助项目实现全流程科学决策。建设内容主要包括以下几点：

①辅助选址，支持上传或绘制预选址红线。

②结合地块控规要求、特征画像、项目需求信息等，提供合规性分析、合理性分析、备选地块排序等功能，实现项目前期选址阶段对地块适宜性的综合评价，辅助有意向的建设项目快速落位。

③方案影响评估：基于CIM基础平台，针对项目设计方案，提供交通流量影响分析、搬迁安置人口影响分析、公共服务配套设施影响分析等功能，评估项目建成后对城市人口、交通、设施等方面带来的影响，实现更新项目设计方案比选和辅助决策。

6.2.4 CIM+智慧房管

CIM+智慧房管基于人房地联动监管数据，将房地产规划、销售许可、开发、交易、权属登记、住房保障等相关信息有机整合，从城市整体宏观层面全面认知房产市场健康状况、人民居住改善需求，为科学制定全市保障性住房供给政策、拟订住房建设年度计划、合理分配住房资源提供工作依据。CIM+智慧房管示意图如图6.6所示。

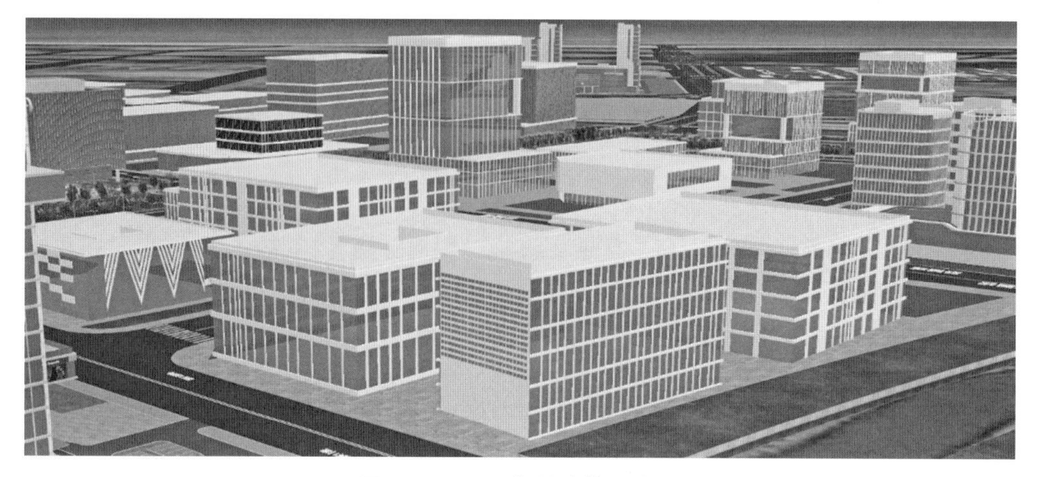

图 6.6　CIM+ 智慧房管示意图

（1）房屋交易

依托城市信息模型（CIM）基础平台，从房产交易的全生命周期管理出发，对房产市场进行土地上市监测、房产上市监测、房产成交热度分析、房产成交喜好画像以及房屋可售量监测，全方位多层次地监测房产市场动向，实现对房产市场的动态监管、统计分析，为政府制定宏观经济决策提供技术支撑。

（2）住房保障

基于 CIM 平台，以“小区—楼栋—层—户”为主线，精确到户的房屋用途、房屋性质、房屋户型、空置情况、租金收缴、欠费、涉违等房屋情况，实现直观化、精细化、智能化管理和监测。

通过 CIM 平台，结合选房、验房、交房管理业务，对整个业务流程进行监控。可通过三维透视户型或平面图，按户型等筛选出房屋总量、面积等信息。验房、交房可通过 CIM 平台全景可视化的 360° 全景环视、漫游，直视房间内的家具家电明细、管线布局走向及物理尺寸等，便于验房及交房。流程实现全线上化、模拟实景化、智能化，缩短用户选房、验房、交房全流程时间。

建立保障房 CIM 平台，引入人脸识别门禁、视频监控、智能门锁、智能水表等措施，结合大数据挖掘分析、“物联网 + 人脸识别”捕捉，整治租户对外转租、转让等违规行为。

以“大数据 + 人工智能”为核心技术方法，建立将人口居住调查数据、城市资产调查数据、住房保障管理数据、物业管理数据等相关专题调查数据与城市地理信息空间位置数据相连接匹配，并支持从土地交易到房源申请、资格审查、房屋交易、物业管理、维修改造等相关业务进行关联分析、智能决策、联动管理的数据库。实现将社会治理的核心要素——人、建设监管的物质对象——房、建设管理的空间载体——地放在同一平台下管理，为进一步打通相邻工作环节，优化再造业务流程，提升工作衔接效率提供支撑。

6.3　CIM+ 城市管理

6.3.1　CIM+ 城市生命线

基于 CIM 实现城市生命线——地下管网智慧化管理，管理对象是城市内的地下管网、管廊等相关资产，可以很方便地进行数据查看，发现数据中存在的问题。基于 CIM 平台集成各类管理、监控数据，丰富城市地下管网的应用数据和应用功能，实现地下管网、管廊的管理、运营监管等业务功能，为城市管线管理及运营单位提供智慧化的管理平台。

（1）管网资产管理

建设城市地下管网资产数字沙盘，实现城市地下管网的管线、管井、设备设施等地下管网、管廊资产的可视化，同时可以通过数据集成的方式，将城市管网的资产信息、维修维护信息、采购信息等相关信息与对应的设施模型进行融合，实现模型与各类管理数据的联动管理以及管网信息的分类汇总、查询统计，并针对管网的维修管护、设备更新采购等管理业务功能，为城市管理者提供地下管网、管廊的智慧化管理手段。

（2）管网可视化分析

实现地下管网、管廊的可视化分析功能，主要包括断面分析、管线流向分析、管网爆管分析等功能。

①断面分析：基于管网地理空间信息以及地形图数据，自动生成管网的横断面图、纵剖面图。也可以根据管网相互的连接关系自动生成管网的三维立体图，用户可以根据自己的需要，选择观察任意位置和任意方向的管网参数属性信息。管网断面分析场景示意图如图 6.7 所示。

图 6.7　管网断面分析场景示意图

②管线流向分析：基于 CIM 管网模型查看选定范围内的管网内部介质（如水、燃气等）流向，系统判断流向并在三维场景中标明，便于用户查看。管网流向分析场景示意图如图 6.8 所示。

图 6.8　管网流向分析场景示意图

③管线爆管分析：依据管网的拓扑关系信息，自动在燃气、给水等管线的爆管点周边搜索需要关闭的阀门，显示阀门信息，模拟关阀操作后影响的管线和用户。管网爆管分析场景示意图如图 6.9 所示。

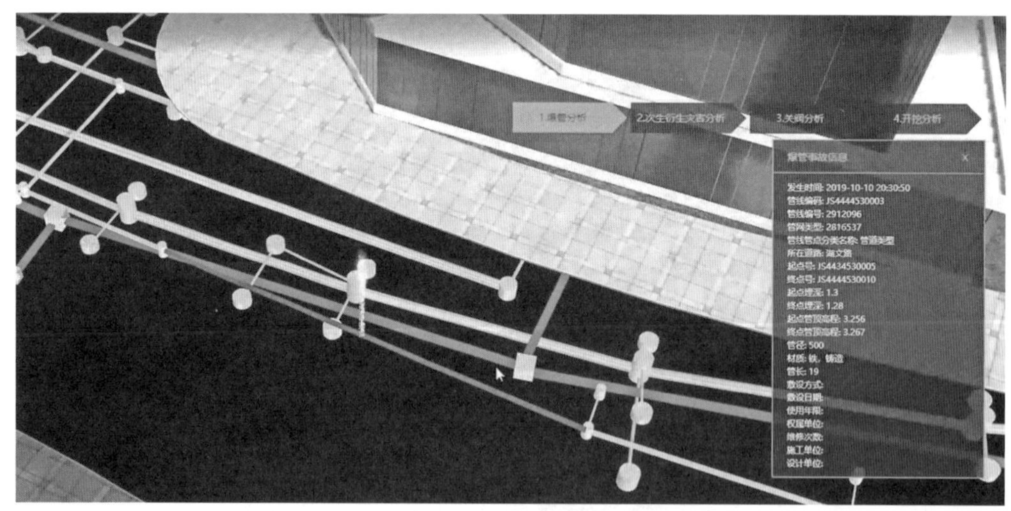

图 6.9　管网爆管分析场景示意图

（3）管网运行监测

通过与地下管网的各类实时监测 IoT 数据的集成对接，实现对城市地下管网，如供水管网、燃气管网、电力管网的运行监测和智能预警，当发生监测数据异常时，系统自动根据设定的阈值进行预警，提醒管理者哪些位置可能有事故隐患，及时安排人员进行隐患排查，避免爆管等重大事故发生。

（4）管网事件管理

与地下管网巡检移动端 App 进行数据交互，管网管理人员可通过巡检 App 进行管网巡检，发现管网、管井、设备设施的问题，通过移动端上报问题事件，填报发现事件的位置、对应的设备设施的问题隐患信息，还可记录和上报视频录像、拍照、语音等信息。CIM 平台汇总地下管网巡检的事件信息，并对事件进行分派处置，发送到对应的检修人员的App端。检修人员根据事件信息所汇报的位置、事件现场情况，快速了解事件情况，到现场进行事件的处置、修复工作，并通过移动端上报事件处置过程的记录和处置结果。CIM 平台接收到事件处置结果的审查，若发现事件处置的结果不完善，可重新派发、处置事件；若事件处置过程及结果完善且完整，可进行事件的归档操作，将事件信息进行存储，便于后续对管网事件的统计和分析。

地下管网事件管理基于可视化的界面，将隐蔽于地下的各类管网资产展示于管理者面前，并管理各类业务数据，协助城市管理者及管网运营方进行大数据运营，实现所管理的地下管网资产的精细化管理，及时发现和解决管网管理过程中的问题，为管理者对地下管网实现有效管理提供数据依据和分析平台。

（5）城市污水溯源管理

为解决雨污混流、管网堵塞、破损、水质异常、排水户偷排、海水入渗、高水位运行、污水溢流、管网带压运行等问题，对全市的管网、调蓄池、泵站闸门站、排口、易涝点等进行监测及分析，并对异常情况自动告警。城市污水溯源管理能提高排水管理的自动化程度，实现可视、可知、可控、可预警的目标。

（6）城市内涝预报管理

基于 CIM 平台，建设包含道桥积水监测、窨井水位监测、雨污水泵站监控、城市河道水位监测等模块在内的城市内涝预警管理系统，实时掌握低洼路段积水情况和排水现状。根据物联监测结果，辅助相关部门及时采取防汛排涝措施，达到预警、减灾的目的。

6.3.2　CIM+ 智慧轨交

结合 CIM 平台的综合集成能力，构建城轨设施安全管理、设施巡检健康监测、轨道交通大客流预测三大业务模块，实现人、轨道、产业、环境、城市和谐联动，实现智慧轨交管理。CIM+ 智慧轨交场景示意图如图 6.10 所示。

基于 CIM 平台，通过移动在线监测、信息化、智能化等手段，对接触网、轨道、桥梁、隧道等城市轨道交通线路路侧的设施设备实施全方位感知，并对城市轨道交通关键设施设备及系统的相关属性、参数和状态进行安全管理，包括桥梁变形检测、隧道轮廓形变检测、钢轨的波浪形磨耗、核伤、裂纹等病害的识别和定位等，同时

图 6.10　CIM+ 智慧轨交场景示意图

精确、全面、连续、完整地监测接触网的几何位置、磨损状态，实时动态地监测接触线磨损、硬点、偏磨、导高、拉出值、两线间距和高差、定位管坡度、槽钢水平度等相关数据，实现对柔性接触网和刚性接触网线索的空间几何参数的精确测量，评估接触网的服役状态。

基于 CIM 平台，利用物联网、近距离无线通信（Near field communication，NFC）、射频识别（Radio frequency identification，RFID）等技术，实现对轨道交通结构、桥梁、基坑等关键位置的健康安全实时监测，通过对监测指标进行综合研判，根据预警等级进行分类分级告警和人员推送，及时启动应急预案，提高运营维护水平，保障运行安全。

基于 CIM 平台，可根据区域、线路及站点等显示站点及周边人流密度，运用预测分析模型快速运算，并模拟分析客流趋势，确定可能的影响范围、方式、持续时间和程度，按预警级别进行预警并提供给中心决策人员，及时向各运营单位发出预警公告，还可以自动执行相应的应急预案。

6.3.3　CIM+ 智慧道路

以 CIM 基础平台为底座，引入物联网、人工智能等信息技术手段，构建道路基础设施安全监测、道路智慧设施运维管理等两大类应用，实现智慧道路全场景、全流程监管。CIM+ 智慧道路场景示意图如图 6.11 所示。

（1）道路基础设施安全监测

基于物联网、AI 视频图像处理技术，实现对道路高边坡、高挡墙、路面空洞区、高架桥等道路设施关键部件，以及地下管网、井盖、道路标志、道路标线、防护栏

图 6.11　CIM+ 智慧道路场景示意图

等道路附属设施运行安全的实时监测与风险预判，通过上传识别结果和图片，辅助道路养护人员快速定位道路险情具体位置，迅速响应并采取相应的修复措施。

（2）道路智慧设施运维管理

①智慧灯杆：通过应用先进、高效、可靠的通信技术，在传统灯杆单一照明功能的基础上集成路灯的远程集中控制与管理、手机信号覆盖、智能感知、安防监控和汽车充电桩等城市管理服务功能，将传统灯杆变为城市物联网的载体。智慧灯杆可通过模块化设计实现“多杆合一、多箱合一”，解决城市里“杆塔林立”的问题，实现对城市基础设施领域的精细化管理和城市资源的集约化利用。基于 CIM 平台，可实现智慧灯杆的在线化监测、可视化管理和远程智能操控。

②智慧公交站台：突破原有的公交候车厅模式，全方位提升乘客出行体验，提高公共交通的出行分担率，发挥更加完善和高效的站台功能。智慧公交站台旨在通过艺术化的造型外观、人性化的候乘设施、智慧化的交互体验，将传统公交站台配置扩展升级，全方位打造城市微型交通服务站，增添公共出行的包容性和认同感，提升道路交通品质。

③智慧导引牌：集指引、导航、导购、交互、大数据采集、云计算分析等现代信息功能于一身。基于 CIM 数字底座，借助智能导视引导牌，动态发布最新交通信息、党政政策方针，并以触摸屏的方式实现周边热点区域的在线查询和综合服务，同步服务区域文旅产业，提高市民慢行空间出行品质，增强智慧化体验。

④智慧斑马线：在单条或区域多条斑马线上，实现人、车、路、环境协同，通过提高斑马线标线的清晰度和醒目度，并利用摄像头、雷达等行人监测技术及 5G 数据传输等技术实现行人感知与红绿灯和智慧斑马线联动控制，提高车辆通行效率和行人过街安全性。

6.3.4 CIM+ 智慧交通

基于 CIM 基础数字底座，结合城市路网形态、公共交通、停车系统、交通管理设施等现状分析，通过对片区车流进行溯源分析，利用交通仿真技术，构建包括节假日、高峰及平峰时间段车行系统仿真模型，掌握现状交通运行状况，并对未来 1 h 的交通运行状态进行短时预测，提前知悉道路交通变化趋势，可实时识别与预测拥堵路段，实时推送拥堵预警信息，从根源上分析拥堵机理成因并区分拥堵程度，为快速、高效地治理拥堵提供支持。可建立包含车速、拥堵时长、拥堵里程等分项指标的评估体系，评估拥堵点的治理效果，对交通拥堵治理进行全过程量化跟踪。对不同交通组织方案运行效率进行反复推演及综合对比评估，辅助交通改道、公共停车场等方案的优化设计。CIM+ 智慧交通场景示意图如图 6.12 所示。

图 6.12 CIM+ 智慧交通场景示意图

车路协同是采用先进的无线通信和新一代互联网等技术，全方位实施车车、车路动态实时信息交互，并在全时空动态交通信息采集与融合的基础上开展车辆主动安全控制和道路协同管理，充分实现人、车、路的有效协同，保证交通安全，提高通行效率，从而形成安全、高效和环保的道路交通系统。通过安装边缘计算单元、RSU 路侧单元、毫米波雷达、视频车辆检测器等设施设备，构建全域路侧的全息感知能力，实现道路交通元素实时数字化，并成为新技术发展的展示和试验场景基地。

6.3.5　CIM+ 乡村振兴

基于 CIM 基础平台，开展乡村产居环境监测、农情信息监测两大业务板块 CIM 应用，运用数字技术重塑乡村治理体系，助力智慧乡村建设，构建乡村振兴新图景。CIM+ 乡村振兴场景示意图如图 6.13 所示。

图 6.13　CIM+ 乡村振兴场景示意图

（1）乡村产居环境监测

通过开展乡村产居环境监测站建设试点，实现对关键位置的自动监测和对工程进度的统一调度。基于 CIM 平台，实现对乡村产居环境数据的实时监测，可根据乡村区域、线路等显示风力、雨量、雪量及空气质量等信息，并对强风、强降雨、水灾、冰雪天气进行监测，及时向相关部门发出预警并提供给中心决策人员，还可以自动执行相应的应急预案。

（2）农情信息监测

基于 CIM 平台，集农情监测数据预处理、数据挖掘与产品生产、农情分析与报告发布于一体，实现农气条件、作物苗情、土壤墒情、病虫害状况、灾情等不同类型的农情监测数据的自动处理与信息挖掘，实现农情监测数据的即时化、智能化、自动化。

6.3.6　CIM+ 水环境治理

基于 CIM 基础平台，实现对城市河流、湖泊、水上公园等主要地表水体的水质在线监测、风险预警以及污染溯源、扩散等智能分析功能，及时掌握区域地表水体污染情况，及时采取有效措施，降低水环境治理投入成本，提升水环境品质。

（1）水环境监测

基于 CIM 地图，对水环境监测站点（包括城市河流、湖泊、水上公园等）、城市易涝点的分布、水质、水位、流量流速等动态监测数据，以及现场视频监控和气象数据的时空进行“一张图”展现，实现城市水环境状况的态势感知和可视化呈现。CIM+ 水环境治理示意图如图 6.14 所示。

图 6.14　CIM+ 水环境治理示意图

（2）风险预警

基于风险预警模型和监测预警指标，对城市河流、湖泊、水上公园等水环境水质超标、水位超标等风险状况进行有效预警，并在 CIM 地图上自动定位，发出报警提示，实现城市水环境风险状况的提前预警，及时对风险状况进行处置。用户可以根据需要调整预警指标项、指标监测评价标准值和提醒标准线。

（3）智能分析

基于 CIM 平台时空大数据分析和模拟仿真能力，对水质超标、水位超标等问题提供污染溯源分析、污染扩散分析以及水位淹没分析等智能分析研判功能，便于风险事故发生时能做到有效应对、快速响应，提升城市水环境治理和风险事故处置的精细化、智能化水平。

6.4　CIM+ 城市运营

6.4.1　CIM+ 园区可视化招商

在园区初期开发建设过程中，其重点工作是产业招商。将 CIM 与园区招商相结合，基于园区 CIM 三维数字模型，以二、三维一体化的方式，融合园区优势资源，可有效地展示园区区位、园区规划、产业布局、公共配套设施、产业载体、生态环境等信息，并与园区招商业务系统进行连通，实现招商过程呈现、招商空间资源管控、招商成果及优势展现、已入驻企业运行分析等功能，有效助力园区对外招商宣传推介，大幅提升招商效率。CIM+ 园区可视化招商场景示意图如图 6.15 所示。

图 6.15　CIM+ 园区可视化招商场景示意图

（1）园区总体展示

基于园区 CIM 模型，以二、三维一体化的方式可视化呈现园区总体规划、产业规划、控制性详细规划、交通 / 管线 / 公共服务设施等专项规划，以及城市设计等园区未来发展规划前景，同时结合空间位置对园区区位、概况及产业价值点进行直观展示。

（2）项目及配套

以招商“空间 + 业务”视角，基于 CIM 平台将园区在建 / 拟建的待招商项目位置、概况，项目周边医疗、教育、养老等便民生活配套和相关产业链企业生产配套情况等进行充分展示，基于 CIM 三维地图将招商关键要素信息进行集成化、可视化展现，推动招商业务落地实施，吸引客户入驻。

（3）政策及服务

在 CIM+ 应用平台中链接相应的政策，支持实时提供政策详情和申报条件查阅。

在平台运营阶段专题中，具备集中展示各类招商优惠政策的渠道，包括人才类型、科技类型、土地类型、本地特色类型等政策。

（4）地块辅助招商

基于 CIM 平台并结合规划用地指标、区域交通条件、市政设施成熟度、产业规划等指标的综合判定，满足对招商地块进行可视化辅助选址的功能，实时展示地块空置或者存在招商意向等状态及相邻地块周边配套分析。

（5）产业载体招商

基于 CIM 平台展示待招商的产业载体楼宇位置、楼宇名称、建筑面积、楼层数、建筑年代、房屋租售情况等信息，以全面了解待招商楼宇的信息；同时支持以全景图像或模型的方式，展示楼宇的室内外环境状况、房间分布、已被租售的房间等，可直观地了解待招商楼宇、房源的实际内部布局、装修以及周边配套设施等；基于 CIM/BIM 模型，以空间视角对招商楼宇的整体信息、入驻企业信息进行分层分析，从而实现招商楼宇各类经济指标及入驻企业信息的实时展示、过程跟进及招商项目统计、分析等功能，辅助招商决策。

利用 CIM+ 园区可视化招商为园区对外宣传推介和招商，提供直观在线化的展示手段，可以对园区未来前景、产业价值点、重点招商项目、产业优惠政策、招商楼宇进行可视化的集成展示，为园区招商引资、重点项目对接提供支持，还能全面提升和改善园区招商工作的效率与效果，同时树立园区良好的对外品牌形象。

6.4.2 CIM+ 智慧社区

CIM+ 智慧社区以 CIM 作为数字底板，针对居民群众的实际需求及其发展趋势和社区管理的工作，以精细化的管理、人性化的服务、信息化的方式和规范化的流程为核心，将 CIM 及相关技术与社区场景相融合，使社区数字底板与社区功能应用完美对接，全面提升社区的综合管理水平和业务处理效率。CIM+ 智慧社区场景示意图如图 6.16 所示。

（1）监测运维

基于 CIM 平台，集成接入智慧社区安防、建筑智能化、环境、消防等设备设施物联动态感知数据，并与社区建筑、设备设施的静态模型相关联，实现社区安防、消防、环境、能耗及设备设施运行状况的在线监测运维和可视化呈现，实现对社区运行全方位、动态的可视化在线监管。

（2）社区治理

基于 CIM 平台，采集社区安防隐患、消防隐患、基础公共设施隐患（如电梯等）、高空抛物隐患、群租隐患等各类隐患业务数据，实现对隐患事故的预警报警管理和基于空间位置的可视化呈现、自动定位等功能。同时整合业务发生时间、进度、人员等信息，串联业务处理全人员、全物资、全过程，基于 CIM 实现对相关隐患事故

图 6.16　CIM+ 智慧社区场景示意图

的联动、处置全流程管理，更加清晰、直观地展示业务处理进展，结合空间位置进行多维统计分析，全面提升社区综合治理能力。

（3）社区管理服务

基于 CIM 平台，对接相关系统、设备，实现社区物业缴费、报事报修、信息发布、楼宇对讲、车辆出入及停车、垃圾分类、访客登记、重点单位和人口管理、社区房屋管理等社区管理服务功能，以二、三维一体化，可视化的方式提升社区管理水平和社区服务质量，增强社区居民的满意度和幸福感。

基于 CIM 的高度集成化，整合智慧社区涉及的各子系统、设备及业务数据，破除数据壁垒，实现基于空间模型的数据融合和关联，可实现社区“运行管理一张图”模式。同时，以可视化的方式展示社区运行管理状态，从不同系统 / 业务条线、不同区域、不同粒度将整个社区的实时运行状况、隐患事故和处置情况完整、鲜活地呈现出来，能够更好、更直观地让多元的使用者和丰富多样的应用功能进行有机融合，为社区治理、管理、服务的智慧化赋能。

6.4.3　CIM+ 智慧停车

对于城市公共停车场、地下停车场，以高效管理、快速通行、无感支付为目标，综合利用物联网、车牌识别、智能视频监控、云计算、移动互联网等技术手段，建设车位监测、车位引导、反向寻车、车牌识别及出入口控制等智慧停车系统，并与 CIM 平台进行集成对接，实现 CIM+ 智慧停车管理。CIM+ 智慧停车场景示意图如图 6.17 所示。

CIM+ 智慧停车可在三维场景中对停车场及车位空间位置进行区域化展示，并实现车位监测、摄像机车牌识别、出入口控制等停车场物联感知动态数据与停车场空间位置、模型的挂接，直观展示并统计停车场的车位空闲情况、车辆进出及车牌

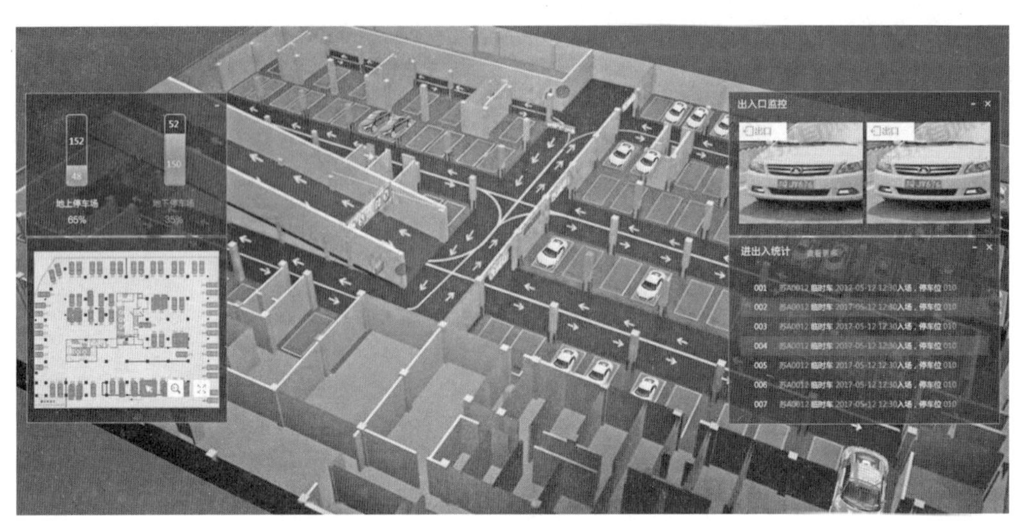

图 6.17　CIM+ 智慧停车场景示意图

识别数据，使管理者可以准确把握停车场的车位占用情况和停车饱和度，对停车位进行统一的统筹管理，提高车位使用率。同时通过车牌识别摄像头与出入口道闸联动，识别内部停车和对外停车，可方便对进入的车辆进行管理，在 CIM 平台中进行远程控制，对于进入的车辆进行远程抬杆放行。还可结合空间位置对车辆进出数据进行查询，对智慧停车设备运行状况进行监测，发现异常时，在 CIM 平台模型中高亮显示该设备，从而方便直观地对停车场的运营进行有效管控。

CIM+ 智慧停车的应用可大幅改善车主停车体验，提升停车场服务水平和管理效率，增加经营利润。

6.5　CIM+ 智慧决策

建设 CIM+ 城市智慧运营中心系统（IOC），是大数据时代背景下进行城市管理的重要转型，IOC 系统是城市运行综合态势呈现中心、城市运行监测预警中心、城市运行事件治理中心和协同联动指挥中心的核心平台。

IOC 系统以城市运营中心为载体，进行大数据综合分析显示，以及多级协同管理等。它可用在城市运行态势监测、成果展示监测预警、联合指挥、分析研判、辅助决策等场景中。IOC 架构图如图 6.18 所示。

（1）态势呈现

面向城市治理主要决策者，通过移动终端、LED 大屏幕及 PC 桌面等各种终端，汇聚业务系统综合展示和分析数据，展现城市规划和设计要素管控、工程建设项目监管、城市生命线安全监测、城市水环境监测、市政环卫园林、市政桥梁建管养、渣土资源、城市住房等业务的关键指标信息，进而实现城市管理者对城市治理和城

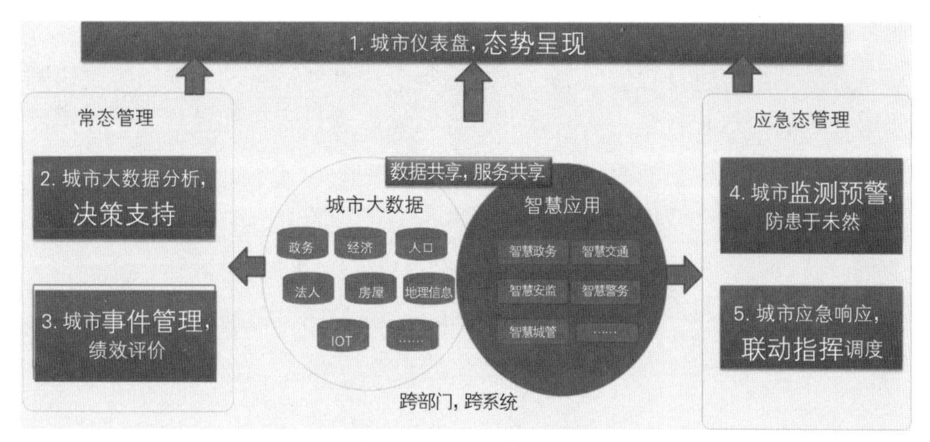

图 6.18　IOC 架构图

市运行的态势感知。

（2）决策支持

以 CIM 汇聚的城市大数据为基础，构建不同专业领域的专题分析应用，展示城市治理各领域运行状态。如对于规划、建设、城市治理等领域的现状及问题，为各领域管理者提供全方位数据服务和全过程研判工具，为政府领导决策提供支撑手段，客观展现相关领域运行现状。

（3）事件管理

接入和分发城市多部门联合处置事件，与各业务部门及业务系统数据联动协同，实现各部门业务联动、协同处置，并结合 CIM 信息模型中的模拟推演功能，进行业务协同、全程督办。对联动事件进行结果统计分析与绩效考核。打通环境治理、社会治理、城市运行等应用，构建城市大联动体系，突破部门间的信息壁垒，减层级、简流程、平战结合，提升日常管理效率和水平，联动指挥统一和优化基层治理方式。

（4）监测预警

通过物联感知与数据感知，汇集分析社情民意，全方位、无死角地监测城市运行，通过分析模型掌握城市发展规律，判断各种风险隐患，对各种预警信息进行关联分析，同时可直接与物联网系统连接，通过地理信息定位、现场视频接入、预警级别颜色区别显示、多渠道通知责任人等方式协作进行响应。

（5）联动指挥

依托整合的数据资源和智慧应用，开展日常指挥，及时下达指挥决定、指令，协调相关部门及时开展工作。强化指挥协同，为城市治理事件的现场处置、指挥调度、调查取证等提供技术支持，实现统一指挥调度。处理各部门上报以及上级转发、媒体投诉等突发性、群体性事件，及时将事件汇总并报告责任领导，启动预案，为一线处置工作提供数据支撑。

通过各种集成技术，统一接入规划、建设和管理阶段各应用系统，实时直观地反映各项目的规划成果、规划指标落地情况、建设工程实时进度与质量安全、绿色施工监管等状况，以及城市管理过程中的运行状态。

对异常关键指标进行预警监测，实现运行管理事件从自动发现预警到协同业务系统完成处理的全过程管理与实时督办，提升城市建设管理和运行安全保障能力，支撑各部门、各系统建立快速、高效的联动协同机制。

第 7 章　重庆市 CIM 发展建议

2020 年 10 月，重庆市正式成为国家新型城市基础设施建设（“新城建”）试点城市，以“新城建”对接“新基建”，提高城市基础设施的运营效率和服务能力，更好地满足人民群众的美好生活需求。同时，重庆市还开展了一批“新城建”项目，以有效拉动投资，激发消费潜力，推动扩大内需战略的实施。

自此之后，重庆市以“新城建”试点为契机，致力于搭建重庆市市级城市信息模型（CIM）平台，建立各方业务数据汇聚通道，形成数据自生长机制，实现全市 CIM 数据的集中共享和统一管理，提高重庆城市治理的数字化、智能化、智慧化水平。同时结合重庆本地特色，强化试点片区示范作用，逐步形成具有重庆市特色的 CIM 发展道路。

7.1　重庆市 CIM 的发展现状及存在问题

重庆市 CIM 平台建设目前正处于“市级平台开展顶层设计，各区域级 CIM 试点百花齐放”的阶段，面向城市规划、建设、管理、运营服务等全生命周期，进行丰富多元的应用创新，最大程度地发挥 CIM 在智慧城市建设中的作用和优势，助力重庆“智慧名城”建设。

7.1.1　发展现状

目前，重庆市采用有条件的区域率先开展区域级 CIM 平台建设，形成可复制可推广的项目经验，再向城市级 CIM 平台扩展的路径，逐步推动重庆市市级城市信息模型（CIM）平台的建设和不断完善。

1）政策现状

2020 年 3 月，为加快物联网在城市基础设施领域的应用和发展，重庆市住房和城乡建设委员会印发《关于统筹推进城市基础设施物联网建设的指导意见》（渝建〔020〕18 号），要求加快建立重庆城市信息模型（CIM）平台，整合各类专业城市基础设施的物联网数据，为城市建设管理的科学决策提供坚实的数据基础。

2021年12月，重庆市人民政府办公厅印发《重庆市新型城市基础设施建设试点工作方案》（渝府办发〔2021〕140号），提出：2021年，启动市级CIM基础平台建设，开展两江四岸等核心区域“CIM+”试点，推动实施一批城市基础设施物联网建设试点；到2025年，以CIM基础平台为底座，推动物联网在城市基础设施、智能网联汽车、智慧社区、智能建造、智能城管等领域的应用。

2）试点现状

2020年，住房和城乡建设部印发《关于开展新型城市基础设施建设试点工作的函》（建改发函〔2020〕152号），正式将重庆市列入“新城建”试点城市之一，其中的重点任务是全面推进城市信息模型（CIM）基础平台建设。重庆市采用“以住建行业为切入点率先推进，融合区域试点示范应用”的建设思路，目前已在重庆东站高铁新城、“两江四岸”核心区、广阳岛等区域开展了CIM试点工作。

（1）重庆东站高铁新城CIM试点

重庆东站高铁新城CIM平台作为重庆市第一个实施落地的区域级CIM平台，是重庆东站高铁新城片区全面落实“国际、绿色、智慧、人文”的要求，实现“五十年不落后”发展目标的重要抓手。整体创新采用“一套数据+两套引擎”的双引擎建设模式，构建“113”的智慧东站CIM平台建设体系，即1个片区CIM平台、1个CIM+施工调度中心，以及3个CIM+智慧应用——CIM+设计方案评估系统、CIM+征拆迁监管系统、CIM+土地开发招商系统。该试点面向东站建设监管决策者、各工程参建方、企业商家等多个服务对象，提供东站全过程、全要素、全方位、全场景支撑，实现重庆东站数字化、自动化、智能化、智慧化建造。

（2）重庆市“两江四岸”核心区CIM试点

以重庆市“两江四岸”核心区为试点示范区域，建设“两江四岸”核心区物联网CIM平台，并对区域内城市道路、排水、轨道、市政消火栓、停车场、管线等城市基础设施进行智能化建设与升级改造，全面感知和自动采集各类城市基础设施的动态运行状况，形成“全域感知、智能决策、应急联动”的城市基础设施数字化管理体系。该试点目前已初步形成智慧工地、智慧道路、智慧管网、智慧停车、智慧小区、应急救援等CIM+示范应用。

（3）重庆市广阳岛CIM试点

重庆市广阳岛CIM试点是在生态文明、数字文明兴起的大时代背景下，以生态为核心、智慧为手段，通过构建广阳岛CIM生态信息模型，集成和融合应用AI技术、BIM、3D GIS、物联网、大数据等新一代信息技术，实现广阳岛山水林田湖草动物等生态环境的全过程、全要素、全方位的数字化、在线化和智能化，打造全域感知、精准映射的生态数字孪生体系，实现基于数字孪生动态模型的生态修复与治理的可视化、可量化和可优化，并以此为基础开展生态的规划、建设和管理服务综合应用，打造生态智慧融合发展样板，探索可推广、可复制的绿色发展新理念、新路径。

（4）重庆市两江协同创新区智慧园区平台

重庆市两江协同创新区智慧园区建设项目秉承“数字孪生中枢为业务赋能提质”的思路，按“1+1+3+N”的总体架构，即“一个新型基础设施底座、一个中心、三大体系、N（六）类应用”，以“数字孪生中枢”为中心，统筹、整合各专业应用系统和数据，推动各领域亮点和重点工程实施。该试点目前已初步形成三维可视化展示系统、规划展示主题应用、智慧建造主题应用、智慧楼宇主题应用、渣车管理系统等 CIM+ 示范应用。

（5）重庆市中央公园 CIM 平台

重庆市中央公园 CIM 平台，是以“BIM+GIS”为基础，对中央公园片区周边 50 km^2 的区域按 LOD 200 的数据标准进行建模，同时在中央公园核心区及档案馆周边 3 km^2 的区域按 LOD 300 的数据标准进行建模，并按高精度模型标准重点还原渝北医院、档案馆等个别建筑。通过多重数据标准体系构建，形成数字孪生底座，为未来建设多元丰富的应用场景奠定基础。

3）数据现状

2016年，重庆市启动“智慧住建”项目建设，实现数据资源在智能建造、智能制造、智能运维、智能管理 4 个环节全过程、全属性采集和“一个通道”进出，汇聚形成海量、静动态一体化的城建大数据。

（1）GIS 数据现状

目前已整合汇聚基础地理、城市管线、工程地质、道路交通、停车场专题、轨道专题、综合管廊、海绵城市、建（构）筑物等 9 大类、200 余项、8 T 存储量的地上地下动静态海量多源数据，为城市规划、建设和管理提供科学参考和辅助决策的依据。

（2）BIM 数据现状

依托智慧住建，以建筑信息模型（BIM）技术应用为基础，推进工程项目全生命周期数据集成，建成 BIM 项目管理平台和 BIM 数据中心，全市实施 BIM 项目 1 500余个，整合 BIM 模型近 3 000 套。

（3）IoT 数据

通过打造智慧工地平台，整合全市智慧工地 4 000 余个，接入视频监控、施工扬尘监测等传感设备 2 万余台；完成近 60 km 的智慧管廊的物联网监测设备安装；接入包括千厮门大桥在内的中心城区主要跨江桥梁的物联感知数据。

7.1.2　问题分析

在 CIM 平台建设过程中，数据的汇聚与整合是核心问题。

从数据权属来看，重庆市 CIM 建设所涉及的地理空间数据、建筑信息模型数据、物联感知数据和城市运行数据都分散在各委办局，存在部门数据壁垒严重、协调互通难度大、协同共享机制不明确等问题，极大地阻碍了CIM数据的统一汇聚和集成应用。

从技术能力来看，首先，CIM包含海量多源异构的空间、非空间的数据，具有动态迭代速度快、频率高和快速增长的特点。其次，不同委办局、不同行业领域的数据格式和标准有很大不同，这也给多源异构数据的融合带来了困难。为了提高CIM基础平台的性能和效率，有必要解决海量CIM数据的汇聚、管理和数据融合问题。

（1）缺乏统一平台

CIM平台是实现城市地上地下、宏观微观、历史现状未来、室内室外、静态动态等多维数据的整合平台。从当前的建设模式上看，各个项目主要是对不同来源的数据进行简单堆积，仅在各应用系统之间进行简单集成，未能实现平台的统一管理，无法支撑跨平台、跨系统、跨部门的大数据综合计算、统计分析和动态展示；多源、多格式、多类别、多时相数据的治理和管理能力不足，更无法为具有数据来源丰富、业务涵盖面广泛、参与主体众多等特点的CIM+应用提供优良的业务服务能力。

（2）缺乏统一标准

CIM平台的建设是一项系统的、长期的、综合性的工程，项目庞大，涉及部门众多。目前，重庆市的CIM相关数据编码与交付、数据采集与汇聚、平台接口与二次应用开放、技术路线与能力要求等方面仍存在不足。在各单位、各项目开展CIM平台建设时，前期标准的缺失将为后期CIM数据的治理带来数倍的工作量。

（3）数据难以融合和共享

CIM平台建设的数据体量庞大、数据构成复杂、技术性要求较高。一方面，各领域、各平台产生的数据未进行高度集中和统一管理，未实现对数据的优化配置，没有突破共享交换、实时更新、分析指导的瓶颈；同时，由于数据流传链条长、节点多，因此存在传送效率低、信息滞后和衰减等现象。另一方面，由于数据存储标准规范不同，接口不统一，数据开发和共享受到阻碍，同时数据来源分类不清晰，造成数据组织有序度较低。CIM平台建设涉及海量数据多尺度多模型的汇聚融合，亟需划分部门权责，分层分级汇聚各类数据，打通数据通道，构建城市三维空间数据资源底图，全面支撑各类CIM+示范应用。

7.2 重庆市CIM建设的定位与目标

7.2.1 总体定位

重庆市城市信息模型（CIM）平台是智慧城市建设的底座与支撑。在建设体系方面，纵向上响应住房和城乡建设部发布的CIM相关建设标准、导则要求，构建“国家—市—区”三级平台体系，向上对接国家城市信息模型（CIM）平台，向下连接各区县（区域）城市信息模型（CIM）平台，实现城市数据串联，保持纵向一致，承担承上启下的作用；横向上，按照事权划分不同，分类实现跨部门、跨委办局数据集成，赋能城市“规、建、管、服”跨行业应用融合与业务协同，协同促进平台自生长。

以《重庆市新型智慧城市建设方案（2019—2022 年）》“135”总体架构为指导，即建设由数字重庆云平台、城市大数据资源中心和智慧城市综合服务平台构成的 1 个城市智能中枢，夯实新一代信息基础设施体系、标准评估体系和网络安全体系 3 大支撑体系，发展民生服务、城市治理、政府管理、产业融合、生态宜居 5 类智能化创新应用。充分分析利用全市已有的空间信息化成果，借助大数据、智能化、数据仓库等新技术，按照全市统一的数据标准要求，整合建立包含 CIM 城市建设服务、CIM 国土空间服务、CIM 融合应用服务的全市统一城市信息模型（CIM）平台，逐步接入重庆市大数据应用发展管理局、重庆市住房和城乡建设委员会、重庆市规划和自然资源局、重庆市交通局、重庆市城市管理局等各部委的空间信息数据，并建立相关数据库软件系统，提升数据生产、提取、更新等工作的智能化水平和空间数据服务能力，在保障数据安全的前提下，为全市各部门提供 CIM 基础数据服务，形成面向政府、市场和社会的全方位服务能力。

在重庆市城市信息模型（CIM）平台的应用能力方面，优先在规划自然资源管理、城市建设、基层治理、应急调度、智慧交通等领域开展典型应用，以典型场景为切入点，不断提升 CIM 平台业务支撑能力，全方位支撑城市建设、城市管理、城市交通、规划资源、城市安全、水务、社区管理、医疗卫生、应急指挥等全市各部门的业务应用需求，形成面向政府、市场和社会的全方位应用服务能力。

7.2.2　总体目标

重庆市城市信息模型（CIM）平台旨在建设以“GIS+BIM+AIoT”为核心的全市 CIM 平台数字底座，促进 BIM、AI、大数据、物联网、云计算、GIS 等新一代信息技术与城市建设管理的融合，推动重庆城市管理由粗放向精细、由被动向主动、由症状向根源的转变，实现整个城市基础设施建设管理工作智能化、在线化、数字化、自动化转变，打造智慧城市建设管理新模式，推动城市高质量发展，创造高品质生活。

7.2.3　阶段性目标

重庆市根据“一年建基础，三年见成效，五年全覆盖”的目标，分层、分级、分类地推进重庆市城市信息模型（CIM）平台建设工作。

到 2023 年底，初步完成重庆市 CIM 平台建设。开展 CIM 数据资源治理与融合，打通时空数据、建筑信息模型数据和物联感知信息数据的汇聚接口，建设城市基础数据库，初步形成城市三维空间数据底板；对接国家、部委及相关行业协会，协同推进重庆市CIM平台标准规范体系建设，初步形成“国家—市—区（域）”三级平台体系。

到2025年底，开展重点领域信息化示范应用建设。基于市级CIM平台建设成果，在重点区域复制推广，助推工程建设项目审批、城市体检、城市安全、城市综合管理等住建领域信息化应用建设。

到2027年底，全面推广CIM+应用。全面建成CIM平台，构建CIM+应用体系，全面推广重庆市CIM基础平台在规划、应急、公安、教育、文旅、医疗等各行业各方面的CIM+应用，助力“智慧名城”建设。

7.3 重庆市CIM建设的主要内容

自住房和城乡建设部启动CIM试点以来，目前全国已有18个城市开展了城市级CIM平台建设。平台的建设推进模式主要包含3种：一是以单个行业为主线推进，先以城市某行业的业务和数据为主体推进CIM建设，再逐步向城市其他行业拓展；二是以数字底座为主线推进，先形成城市各领域数据全面汇聚、共享与融合的统一数字底板，再面向各行业提供服务和应用；三是以区域级平台为主线推进，先在区域内形成CIM平台，再向城市级平台进行延伸。

重庆市CIM平台的推进模式，融合了上述3种主流推进模式的特点，形成了“以住建行业为切入点率先推进，再以广域简模和局部精模协同的方式推进CIM平台底座建设”的重庆特色CIM平台推进路径，主要围绕标准规范体系、数据通道平台、CIM数据中心、CIM基础平台、CIM+示范应用、CIM产业孵化6大方面开展CIM建设。重庆市CIM平台架构图如图7.1所示。

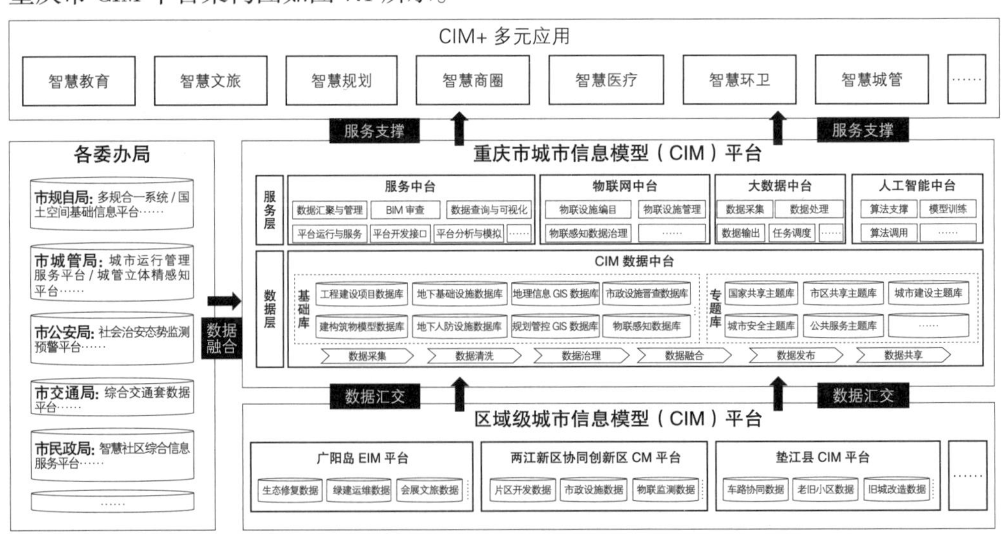

图7.1 重庆市CIM平台架构图

7.3.1　标准规范体系建设

1）标准体系建设技术路线

以“立足实际，适度超前”为编制原则，在已编制的 CIM 地方标准基础上，结合国家政策、行业标准，形成包括通用类、数据资源类、基础平台类、运维管理类、CIM+ 应用类 5 大类组成重庆市 CIM 标准体系，全面保障重庆市城市信息模型（CIM）平台的良性建设和可持续发展。

其中，“通用类”为城市信息模型（CIM）基础性、公共性描述，涵盖适用范围广，是标准体系中的基础标准集合；“数据资源类”涵盖基础地理空间信息、城市规划与设计和城市运行维护等相关数据的采集和内容表达、数据治理和建库方式，是标准体系的核心标准，可约束生产成果；“基础平台类”规范 CIM 基础平台交付与共享等内容；“运维管理类”分别从平台运维及组织管理两方面保证 CIM 平台的运行；“CIM+ 应用类”立足已有应用标准，主要从政用、商用、民用 3 个维度扩展 CIM+ 应用。

2）标准体系建设内容

（1）通用类标准

编制《重庆市城市信息模型（CIM）技术标准》，对重庆市城市模型（CIM）平台的基础功能、技术架构、平台数据等作出基本规定，适用于 CIM 基础平台的建设、管理及日常维护。

（2）数据资源类

编制《重庆市城市信息模型（CIM）基础数据标准》《重庆市城市信息模型（CIM）数据共享管理办法》《重庆市城市信息模型（CIM）数据安全管理办法》。

①《重庆市城市信息模型（CIM）基础数据标准》

《重庆市城市信息模型（CIM）基础数据标准》涵盖重庆市城市信息模型（CIM）数据标准体系的框架和规划，以及数据的汇交、加工、审查和入库等内容，包括 CIM 数据构成与内容、CIM 数据汇交、CIM 数据加工、CIM 数据质量、CIM 数据安全，用数据的方法研究平台。

②《重庆市城市信息模型（CIM）数据共享管理办法》

《重庆市城市信息模型（CIM）数据共享管理办法》旨在规范城市信息模型（CIM）数据共享，建立健全政府数据共享管理机制，加强 CIM 数据共享全过程的身份认证、授权管理和安全保障，确保政府数据的安全。

③《重庆市城市信息模型（CIM）数据安全管理办法》

《重庆市城市信息模型（CIM）数据安全管理办法》旨在确保 CIM 数据安全，建立数据安全管理责任和评价考核制度，制订数据安全计划，实施数据安全技术防护，开展数据安全风险评估，提升 CIM 数据安全的保障能力。

（3）基础平台类

在既有的《重庆市城市信息模型（CIM）交付标准》基础上，拟编制《城市信息模型基础平台服务接口规范》，以规范城市信息模型平台信息服务资源的获取、各项功能服务内容的接口制订，适用于各级城市信息模型基础平台各项功能与数据服务的开发、发布和访问。

（4）运维管理类

运维管理类标准分别从平台运维及组织管理两方面保证CIM平台的运行，编制《重庆市城市信息模型（CIM）运维标准》《重庆市城市信息模型（CIM）平台实施方案》。

①《重庆市城市信息模型（CIM）运维标准》

《重庆市城市信息模型（CIM）运维标准》旨在规范城市信息模型（CIM）平台运维服务对象、工作组成、过程管理、运维组织体系、运维保障资源等CIM平台运行维护工作，支撑CIM平台的稳定运行，适用于城市信息模型平台的运行维护，解决“权限不清”“职责不明”“重点不定”等问题。

②《重庆市城市信息模型（CIM）平台实施方案》

《重庆市城市信息模型（CIM）平台实施方案》从指导思想、目标任务、基本原则、建设内容、职责分工、工作计划、工作措施等方面规定重庆市CIM平台建设规范，明确CIM建设目标任务、组织保障措施、协同创新建设模式以及工期计划等内容。

（5）CIM+应用类

围绕政用、民用、商用3个维度，结合实际业务需求，扩展其他CIM+应用标准规范。

7.3.2 数据通道平台建设

通过构建智慧工地平台、智能建造平台、物联网平台、施工图数字化审批平台以及城建档案数字化平台5大平台，并将其作为CIM平台的数据汇聚通道平台，建立健全CIM数据的生产、管理、汇交、更新等数据流转机制，实现对规划、市政、城管、城建、社会治理等各领域数据的整合，为城市规划、建设、管理、运维等应用场景提供一致的、跨行业领域的数据基础，改变现有系统数据来源不一致、数据处理复杂的现状，确保各级部门能够在确保数据隐私和安全的前提下使用数据，充分发挥数据作为城市重要资产的价值。

（1）BIM数据

横向上从行业角度出发，纵向上从模型深度出发，建设初步设计CIM审查系统、施工图CIM审查系统、CIM竣工验收备案系统、智慧工地系统、智能建造管理平台，对全市的BIM数据进行采集汇聚，并连接市CIM平台，作为BIM数据更新传输通道。

（2）IoT 数据

从物联网的实际应用领域出发，结合住建、公安、城管、交通等领域主管部门的业务开展，建立消防、市政设施等相应专业的物联网平台，进行多样化的物联网数据汇聚、处理和传输，以全面支撑市级 CIM 平台物联网数据的实时更新。

（3）GIS 数据

通过国土空间平台、智慧住建等配套业务系统进行数据的汇聚和传输，以全面支撑市级 CIM 平台 GIS 数据的自更新。

（4）业务数据

以各委办局的日常业务工作开展为基础，进行城市动态运营管理数据的采集，并通过智慧住建、智慧城管综合平台等各委办局的业务管理平台与市级 CIM 平台进行对接，保障业务数据的实时同步更新。

7.3.3　CIM 数据中心建设

根据住房和城乡建设部发布的《城市信息模型数据加工技术标准（征求意见稿）》关于 CIM 模型的分类分级要求，在重庆市全市 5 400 km^2 范围内，以 CIM1— CIM2 级精度的数据标准，构建形成包含地形地貌、行政区划、城市道路、水系、建筑白膜及植被等要素的城市全域 CIM 基础平台的数字底座；在重庆市 660 km^2 建成区范围内，以 CIM3—CIM4 级精度的数据标准，构建倾斜摄影全覆盖，还原立体城市空间关系；在重庆市“两江四岸”核心区、中央公园片区、重庆东站高铁新城等主要试点示范区域，以 CIM3—CIM6 级精度的数据标准，构建高精度模型，辅助 CIM+ 应用建设。同时，融合 5 大数据通道平台的城建大数据，整合房屋及市政基础设施普查成果，最终形成面向城市规划、建设与运维等领域的 CIM 大数据中心服务能力。

7.3.4　CIM 基础平台建设

CIM 平台主要进行基础能力建设，建立各方业务数据汇聚通道，通过市级 CIM 基础平台，形成数据自生长机制，实现全市数据的集中共享和统一管理，达到“可看可管可追溯”的目标，打破现有数据无法联通共享的技术障碍，使全市治理的空间化、精细化、动态化、可视化水平得到提高。

CIM 基础平台建设包含服务中台建设、能力中台建设和物联网中台建设。服务中台建设主要包含数据汇聚与管理模块、数据查询与可视化模块、平台分析模块、平台运行与服务模块以及平台开发接口模块等；能力中台建设主要包含支撑引擎建设、多源异构融合、仿真模拟、区块链、微服务以及空间智能等；物联网中台建设主要包含物联设施的编目、数据接入集成、设施运行管理以及数据治理共享等。

7.3.5 CIM+ 示范应用建设

重庆市 CIM 平台融合物联网、云计算、大数据、人工智能等技术手段，突破传统的业务线垂直运营和单部门内部循环模式，对规划、建设、管理各个阶段的数据进行集成、共享、采集和处理，构建一个可感知的、实时的、动态的、虚拟的、实时交互的数字孪生融合应用程序，面向规划设计、建设施工、运营管理等全过程提供服务，能有效地提升城市管理精细化、智能化、科学化水平。

同时，重庆市 CIM 平台在建设过程中还遵循以下 4 方面的建设逻辑。

①按照生命周期的逻辑：尽可能考虑生命周期全过程中不同时间点的应用，包括从规划建设阶段、运营管理阶段到决策支持阶段。

②按照用户的逻辑：即从政府管理（第一用户）、企业服务（第二用户）到民众服务（第三用户）。

③按照重要性的逻辑：根据需求紧迫性，从近期、中期到远期的 CIM+ 应用建设。

④按照创新性的逻辑：突出重庆市 CIM+ 应用的特色，包括从智慧城市、智慧生态到智慧生活等方面的创新。

基于以上 4 个逻辑，重庆市从政用、商用、民用的角度出发，聚焦智能建造与建筑工业化、智能运维与管理、城市提升与环境改善、企业服务和民众服务 5 大领域，率先在住房和城乡建设领域进行 CIM+ 应用，开展运行指挥中心、工程数字化审批、施工数字化监管、档案数字化管理、智慧轨交、智慧管网、智慧排水、城市体检、城市更新、美丽乡村、智慧物业、智慧停车等 CIM+ 智慧应用体系建设，再逐步探索 CIM+ 在城市商业、医疗、卫生、教育等领域的创新应用服务，充分发挥 CIM 在城市高质量发展过程中的重要推动作用。

7.3.6 CIM 产业化孵化

面向城市建设、管理、运维等各阶段，整合各行业龙头企业、数字化高新技术公司、高等院校和科研机构等，积极发展以 CIM+ 智慧停车、CIM+ 智慧商圈、CIM+ 智慧楼宇、CIM+ 智慧物业、CIM+ 智慧出行为典型代表的多端参与、多元融合的 CIM+ 应用，积极探索市场化、商业化运作模式，推动 CIM 相关产业链的企业汇聚与发展，促进产业良性发展。

7.4 重庆市 CIM 建设的特色与创新

重庆市城市信息模型（CIM）平台的建设以住房和城乡建设部印发的《关于开展城市信息模型（CIM）基础平台建设的指导意见》为指导，结合先进城市的建设经验，融合重庆大型山地城市特点，形成重庆独有的特色与创新经验。

7.4.1　国家—省（市）—区—项目四级协同推进

重庆市作为我国四大直辖市之一，属于省级特大城市。重庆不仅具有其他省一级的管理权限，还具备其他省地方市一级对辖区各区县的管理权限。在此管理体系背景下，使得重庆市在推动“国家—省（市）—区—项目”四级 CIM 平台建设过程中，具有了较其他省级城市更多的主导权和统筹权。同时，重庆市也秉承以省（市）级 CIM 平台强化共性支撑能力，在区（区域）级侧重 CIM 平台强化创新应用的挖掘与探索，在项目级 CIM 平台侧重业务场景落地应用，协同推进“国家—省（市）—区—项目”四级 CIM 平台共建共享。在城市级层面，实现了以 CIM 平台进行全市“一盘棋”统筹建设与管理；在区级层面，充分结合区域实际和应用需求，挖掘具有区域特色的应用场景，最大限度地发挥 CIM 在省（市）级、区级的智慧城市建设的价值和作用，在项目级层面不断贴合业务，赋能业务一线，提升城市建设管理水平和效率。

7.4.2　强化顶层架构设计

重庆市基于住房和城乡建设部印发的《城市信息模型（CIM）基础平台技术导则》中提供的 CIM 基础平台总体架构建议，结合重庆市 CIM 平台建设需求，进行四个方面的补充和强化：一是增设人工智能、大数据、物联网三大中台，强化平台数据汇聚、分析、处理能力；二是适应重庆地方 CIM 数据分布格局，细化形成具有地方特色的基础数据库和主体数据库，满足数据的高效更新、互联互通；三是联通市住建委的智慧工地、智能建造、物联网平台、BIM 平台、智慧排水等数据通道平台，实现数据的自生长、自更新；四是融合智慧住建大数据资源中心，在 CIM 平台中整合智慧住建一、二、三期的业务数据，形成面向市住建委和工程建设行业市场的 CIM 大数据资源池，全面指导重庆市城市信息模型（CIM）平台建设的落地实施。

7.4.3　融合行业领域数据

城市空间数据本身存在分散广、壁垒厚、孤岛严重的特点，重庆市 CIM 平台在数字底座建设过程中，采用以点到面的方式，优先结合住建领域应用场景的实际情况，实现对道路、轨交、桥隧、房屋建筑、管网管廊等市政基础设施 BIM 数据的全面集成，实现对结构监测、应力应变、裂缝位移、温度湿度、变形沉降等物联网监测数据的全面汇聚。同时，发挥重庆市级主管部门强统筹能力，协调各级行业主管部门，实现跨规资、城管、交通、规自、住建等委办局的 GIS、BIM、IoT、城市运行数据的汇聚，分层分级分类地推动城市各行业领域的数据融合应用。

7.4.4 形成特色应用分区

重庆市 CIM 平台的应用场景总体分为政用、商用、民用 3 大板块。近期建设以政用为主，面向住建领域开展数字决策、数字建设、数字运维、数字服务 4 个方向的应用建设。其中数字决策为面向各级领导的可视化看板，实现“数据一张图”汇聚，“应用一平台”承载，“调度一张网”处理；数字建设服务于质安处、建管处、设计处等部门，开展工程建设全过程管理；数字运维服务于轨道处、道路处、市场处、排水处等部门，开展市政基础设施运维管理；数字服务服务于科技处、人居处、提升处等部门，提供社会服务类应用。

7.4.5 挖掘山地城市特色创新应用

由于重庆独特的山地城市特色，与大多数平原城市相比，其城市地上、地下基础设施在设计、建设、运维等阶段的难度更大，在进行 CIM 建设的过程中，迫切需要创新建设思路，探索更加符合山地城市建、管、运需求的 CIM 智慧应用。如对于城市道路等地上基础设施，由于其多具有急弯多、陡坡多、分合流多等特点，在构建 CIM+ 车路协同应用场景中，深入探索了陡坡路段、急弯路段、复杂立交节点等山地城市特有环境下的智慧应用；对于城市轨道交通等地下基础设施，由于其多具有深埋车站多、埋深大、地质条件复杂等特色，在构建 CIM+ 城市轨交应用场景时，充分挖掘 CIM 在智能建造、安全防控等方面的创新应用，以及 CIM 在城市地上、地下一体化建设与管理的优势和能力，提高城市安全运行水平，增强人民幸福感与获得感。

7.5 重庆市 CIM 制度体系建设

7.5.1 组织保障

实施联席会议制度，成立重庆市 CIM 平台建设领导小组。市政府分管副市长任组长，重庆市住房和城乡建设委员会、重庆市大数据局等委办局的主要领导任副组长，市政府其他相关部门负责人为小组成员，建立完善协调工作机制，统筹推进重庆市 CIM 平台的落地与实施。同时，由重庆市住房和城乡建设委员会作为实施牵头单位，成立专家委员会，充分发挥专家委员会的决策咨询作用。

7.5.2 技术保障

发挥新技术杠杆作用，促进 5G、物联网、BIM、GIS、大数据、云计算等新技术的发展及推广应用，紧跟新技术最新发展动态，不断引入新设备、新系统，利用先进的信息技术手段为CIM平台建设提供支撑。融入专业智力因素，聘请国内外产业界、学术界、科研机构信息化管理部门的权威专家、学者组建重庆市 CIM 平台建设专家委员会，在平台架构体系、应用体系、数据体系、标准体系、安全体系等核心内容评议以及重大事件和决议的论证和审议中，作为智库为 CIM 平台的建设提供建议和强大的“外脑”支持；加强与国内外发达城市、可比城市、行业协会、学术团体和研究机构的交流与合作。

7.5.3　人才保障

认真贯彻落实“人才强市”的战略方针，建立咨询决策机制，开拓“引智借脑”的新思路，在平台技术研发以及 CIM+ 应用等领域积极开展与其他先进城市的交流与合作，落实各项人才政策，大力培养、引进和高水平实用复合型高层次专业技术人才、高技能人才。开展信息产业从业人员多渠道、多形式、分层次、分类型的再培训、再教育，建立 CIM 人才培养和发展的长效机制，打造多种形式的高层次人才培养体系，加强与高等院校、科研院所在城市信息模型（CIM）技术应用领域的学术交流与培训，为重庆市 CIM 平台建设提供坚实的智力支持和人才保障。

7.5.4　资金保障

加大市级财政资金对重庆市 CIM 平台的投资力度，按照统筹集约的原则，整体规划、分期投入、持续迭代。鼓励多元资本和主体投资市级 CIM 基础平台建设，以政府为引导、企业为主体，大力吸引社会资本和金融资源投入，支持社会各方积极参与，形成共建共享的良好局面。

第 8 章　CIM 发展趋势与展望

在“新城建”与“新基建”的双重浪潮下，CIM 可以助力城市精细化治理体系、智能化决策体系和高效率公共服务体系的建设，真正实现万物互联、全面感知，生动复刻实体空间，将物理城市映射到数字空间构建数字孪生城市。展望未来，随着 CIM 相关技术的创新发展，CIM 将在促进城市智慧化发展转型以及服务城市精准化应用方面发挥越来越重要的作用。

CIM 是建设新型智慧城市的重要技术途径，通过互联网、BIM、AI 等技术可实现城市的要素互联、数据互通、协同管理及创新发展。因此 CIM 承载着数字中国的新时代、新内涵、新发展，未来将伴随新技术不断提升，形成便捷的感知网络、完善的新型设施、互动四维的模型、科学的智能决策。CIM 能促进城市向智慧化方向转型，即数字孪生赋能城市发展、数字经济促进动力转型、智慧能源支撑生态发展、智能交通提供舒适出行；进而通过高效化政务服务、人本化公共服务、精细化空间治理、多元化协同治理，为生活在城市的人群提供更精准和便捷的服务。

8.1　数字孪生城市的核心支撑平台

CIM 平台是数字孪生城市建设的核心支撑平台，是展示城市发展态势、推演未来发展趋势的综合信息载体。CIM 平台可以展现城市全貌和运行状态，并且与城市大数据平台融合，成为数字孪生城市的数字底座，也是“新基建”政策下新型智慧城市必备的基础设施。

数字孪生作为一种数字化基础设施，贯穿于智慧城市规划、建设、管理、运行全过程中，契合了各阶段的实际需求和应用领域。数字孪生可以对信息基础设施进行预演和模拟，以及实时可视化呈现，可以支撑领导驾驶舱等一体化城市管理，充分发挥城市海量数据应用价值，进一步提高城市的智慧治理水平。

8.2 智能城市的核心驱动力

以 CIM 为数字底座，利用 CIM 时空数据的坐标体系，实现多维度数据互融互通的“数字一张图”展示，赋能城市治理；基于融合的多维度城市体征指标，对城市进行精确刻画，实现城市发展问题的动态诊断与评估和各项问题的智能化治理与反馈，为解决城市体检过程中的难题提供有力支持；结合多维度体检评估模式和自助化服务体检模式，形成智能化的城市体检体系，为城市发展提供依据。

基于CIM平台建设，整合自然资源、建设、水利、气象、交通、消防等部门监测数据，结合二维三维一体化、二维矢量图、影像图及三维精细模型、BIM 等数据，通过可视化展示可以深入全面地了解城市运行状态，实现对城市的全面感知，借助大数据、人工智能等技术进行多维分析，为决策层做出决策提供预测和依据，有效应对城市可能出现的风险事件。基于 CIM 构建应急平台，在遇到自然灾害和突发事件时，系统能在三维的真实环境下，进行灾害识别和评估，对应急危险源、重点防护单位、应急资源等分布情况形成应急行动方案等，为应急指挥提供决策支持。

8.3 全球重要经济体数字孪生城市高质量发展的新引擎

如前所述，在中国，依托 CIM 技术，发展数字孪生城市已经成为国家层面和地方层面的发展战略。此外，美、英等国家也将数字孪生技术研究及应用从局部探索升格成国家战略。2020 年以来，英、美两国更加重视数字孪生城市的技术研究和应用。2020 年 4 月，英国发布了《英国国家数字孪生体原则》，对构建国家级数字孪生体的价值、标准、原则及路线图进行了详细阐释。2020 年 5 月，美国组建数字孪生联盟，联盟成员跨多个行业进行协作，相互学习，并开发各类应用。新加坡、法国等深入开展数字孪生城市建设相关技术研究及应用实践。新加坡率先搭建了“虚拟新加坡”平台，用于城市规划、运行管理和灾害监测预警等项目。法国推进数字孪生巴黎建设，打造数字孪生城市样板，虚拟教堂模型助力巴黎圣母院火灾后重建。

CIM 的本质是城市的数字孪生，毫无疑问，CIM 将成为全球重要经济体数字孪生城市建设的新引擎。

第9章　典型案例

9.1　福州滨海新城规建管一体化平台项目

9.1.1　项目概况

福州滨海新城位于长乐区，是国家级新区——福州新区的核心区，规划面积 188 km^2，其中核心区面积 86 km^2，规划人口 130 万。滨海新城定位为福州中心城区的副中心，不仅承载着福州发展的战略重任，也承载着打造“数字福建”乃至“数字中国”示范区的重大目标。滨海新城将通过信息化和数字化手段提高城市规划、建设和管理水平，助力打造智慧、绿色和韧性的智慧新城。基于此，提出以数字孪生城市为核心，通过建设规建管一体化平台提升滨海新城建设和管理水平的重要理念和思路，并将其作为滨海新城规划、建设与管理的重要创新抓手，进而更好地加快“数字福建”的落地。

9.1.2　建设内容

在福州滨海新城的建设过程中，通过探索城市规划建设管理一体化业务，充分应用 BIM、3D GIS、IoT、云计算和大数据等信息技术，建设基于 CIM 的规建管一体化平台，形成统一的滨海新城信息模型，以及包括规划、建设、管理 3 个阶段在内的应用系统，同步形成与实体城市“孪生”的数字城市。建设内容包括基于 CIM 的规建管一体化集成平台、城市数据中心和运营监测中心，以实现滨海新城规建管全过程的数字资源集中管理与应用、信息互通与共享。福州滨海新城规建管一体化平台示意图如图 9.1 所示。

（1）规建管一体化平台

依托城市 CIM 时空信息模型，基于规建管一体化集成平台，构建城市规划专题应用、城市建设监管专题应用、城市治理专题应用 3 大业务应用，形成城市发展闭环。

图 9.1　福州滨海新城规建管一体化平台示意图

①城市规划专题应用

城市规划专题应用以规划设计为起点，切入城市规划蓝图。通过搭建规划业务管理系统、一张蓝图信息系统和地上地下规划辅助审查系统 3 大业务系统，将规划、国土、环保、水利、林业、海洋渔业等部门的规划成果数据集成到“一张蓝图”中，从源头确保建设项目在正式审批流程开始前通过各类规划的符合性审查，避免产生新的矛盾，加快项目审批速度，提升审批效率。

②城市建设监管专题应用

城市建设监管专题应用以建设过程为主线，切入城市建设过程。通过搭建建设工程数字化综合监管系统，对接规划数据和后续管理需求，实现项目从立项到竣工验收的全过程数字化监管，有效地提升主管部门对项目的监管效能。

③城市治理专题应用

城市治理专题应用以监测治理为落点，切入城市运营管理。通过搭建城市市政设施管理系统、城市生态环境监测系统、地下管网运行监测系统 3 大业务系统，实时监测城市运行状态，敏捷地掌控城市安全、应急、生态环境突发事件，做到事前控制、多级协同，将传统城市升级为可感知、可分析、虚实交互的新型智慧城市，同步将城市管理提升至“细胞级”精细化治理水平。

（2）数据中心

以滨海新城基础地理数据为依据，基于 3D GIS 技术，建立城市三维信息模型，形成宏观的城市模型管理基础。首先，在城市建设过程中，通过规划方案模型、施工图设计模型，以及竣工模型的动态更新，并将其与基础城市模型叠加，打造动态时空信息模型，形成与实体城市同步的数字孪生城市，支撑城市管理的精细化和准确性。其次，将各类规划成果数据、规划审批数据、建设审批和监管数据、运营管理数据、物联网智能采集数据进行空间化集成，奠定微观城市模型管理的基础。最后，基于时空信息模型数据库，开发数据库管理系统，保证时空信息模型的动态更新，规划阶段建立城市设计模型，建造阶段通过 BIM 模型的动态集成实现规划的校验与审核管理，竣工模型可以在城市运营管理阶段共享使用，并随着建设过程逐步更新，保证数据的及时性和各业务办理的准确性，时刻保持数据库的时效性。

（3）运营监测中心

运营监测中心为滨海新城建设指挥部提供管理决策与辅助分析功能。基于系统平台实现规建管不同应用系统之间、不同政府部门之间的数据集成与指标分析，清晰呈现不同规划指标数据、建设工程监管数据，以及城市运营运行数据的状态和成果，同时基于运营监测中心还可以实现对各业务异常状态的预警，应急联动各部门进行相应处置。

9.1.3 建设成果

（1）实现城市“规划一张图”

城市规划包括多规合一审查系统和项目规划审查系统两大部分。多规合一审查系统通过三维“规划一张图”辅助决策，实现多规的动态监管，集成可视和冲突检测。项目规划审查系统则以规划“一书三证”为业务核心，通过建立符合滨海新城的规划业务管理流程，实现从规划窗口的收件、各环节审批办理到业务的出证环节全过程的辅助审查管理。

（2）实现城市“建设监管一张网”

建造阶段包括基于 BIM 的重大工程项目监管和面向行业监管层面的工程建设数字化综合监管平台。基于 BIM 的重大项目监管系统，主要针对滨海新城重大工程项目，通过“三管两控一协调”，即进度管理、质量管理、安全管理、绿色施工监管、劳务监管、协同工作平台，提升滨海新城区域内的工程监管水平和能力，为滨海新城重大工程项目的高质、安全、准时交付打下基础。工程建设数字化综合监管平台，则是辅助行业主管部门实现对建设工程项目从项目报建、图纸审查、施工过程、竣工交付全生命周期的高效监管，推动行业管理从粗放型监管向效能监管、规范监管和联动监管转变。

（3）实现城市“治理一盘棋”

城市治理是针对滨海新城城市运行的安全监管，包括城市防洪排涝应急监测系统、市政管网及大跨度桥梁监测系统、智慧管廊运行监测系统、城市生态环境监测系统和建筑能耗监测系统等内容。

9.1.4 项目特色

福州滨海新城规建管一体化平台项目的建设落实“数字福建”、智慧城市建设的要求，强化信息基础设施和信息资源平台建设，开发整合利用各种信息资源，实现信息网络的互联互通和信息共享体系。该项目具有以下 4 个特色。

（1）提升规建管政府部门之间的协同治理能力与效率

加强规建管政府部门之间的协同治理能力，提升政府管理部门与建设、设计、勘察、测绘、施工单位及城市运营等部门之间的协同效率。

（2）促进规建管三阶段的业务融合

实现规划指标落地，打通规划、建设和管理环节的信息壁垒，强化规建管一体化统筹推进，增强规划科学性、指导性，建设过程中严格规划执行，防止朝令夕改。

（3）提升工程综合监管能力和项目风险预控能力

实现规划设计、进度计划、质量控制、安全控制、绿色施工、竣工交付等业务的全方位监管，实现各管理层级互联互通、现场工作与监管互联互通、业务系统之间互联互通，通过信息的共享和交互，有效提升工程监管能力。规建管一体化平台通过与项目管理业务平台对接，能对风险进行预警和即时掌控，实现对风险的事前控制。

（4）积累城市数字化资产

强化城市生命线安全运行监管，借助信息资源和信息化平台资产，不断完善城市管理和服务，确保城市安全运行。以“BIM+3D GIS+IoT”为手段，对关乎城市民生和市政基础设施安全运行的情况进行集中监管，严格落实“安全第一”的理念，把住安全关、质量关，将安全工作落实到城市运行各环节各领域。

9.2 青岛中央商务区基于 CIM 的城市信息管理平台项目

9.2.1 项目概况

青岛中央商务区是青岛市北区集“一心、三轴、一带、两区”于一体的综合性商务中心，规划面积 9 km^2，核心区 2.46 km^2，核心区人口 5.4 万人，是青岛市政府确定的重点项目和现代服务业集聚区之一。

青岛中央商务区以创建国家示范中央商务区为目标，基于数字孪生的新型智慧城市发展理念，以 CIM 为载体，城市综合信息管理平台为核心，集成和融合应用 BIM、3D GIS、物联网、云计算、大数据、AI 人工智能、机器视觉等新一代信息技术，探索实践青岛中央商务区基于 CIM 的城市综合治理创新标杆，整合 CBD 城市治理各类应用服务，汇聚各类要素资源，助推青岛中央商务区城市向精细化、智能化、人性化管理转型，为中央商务区打造基于数字孪生的智慧 CBD 奠定良好基础。

9.2.2 建设内容

（1）商务区现状三维建模

对商务区已建成区域（约 2.46 km^2）的城市建筑、交通设施、植被、重要园区部件进行三维建模。

（2）BIM 建模

通过业主提供的 CAD 图纸、BIM 模型，对商务区已建成建筑，结合现场实际情况，新建 / 深化 BIM 模型，包括 BIM 建筑模型、BIM 机电模型、内装模型、景观模型、施工资料、运维资料、设备信息、监控信息、规范信息等图形及信息数据。按专业 / 系统、楼层 / 区域、构件 / 设备对模型进行拆分，且能展示所有构件的属性。

（3）CIM 数据处理

综合商务区地理基础信息（GIS）、园区三维模型、BIM 模型、城市部件模型等数据进行合规性检查 / 修正、优化处理，统一数据格式与标准，实现这些二、三维模型及数据的无缝对接以及公共资源、其他行业数据模型的处理与集成入库，实现对各类模型数据的加载、查询与分析。

（4）搭建 CIM 时空信息云平台

CIM 时空信息云平台是实现数字孪生智慧商务区的基础和关键。平台基于统一的标准与规范，以 2D/3D 园区空间地理信息为基础，叠加园区建筑、地上地下设施的 BIM 信息以及 IoT 信息，构建三维数字空间的 CIM 信息模型，综合 GIS 平台的宏观大场景处理、空间分析以及 BIM 平台的微观局部复杂场景处理、三维图形渲染能力，为智慧商务区应用提供基础三维可视化平台服务。CIM 时空信息云平台提供包括平台服务 / 管理模块、BIM 服务模块、3D GIS 服务模块、业务集成模块和数据服务模块在内的 5 大基础功能模块。

（5）业务应用系统建设

①开发建设：基于 CIM 平台，整合中央商务区总体规划、控制性详细规划、历史卫星图像等时空数据，实现“规划一张图”集成融合、展示，为中央商务区开发建设决策提供“一张蓝图”支撑；同时，整合商务区内各重大项目工程建设视频监控和动态数据，实现对在建重大项目的进度、安全、质量等的直观展示和综合管控。

②楼宇经济：基于 CIM 平台，整合商务区入驻企业信息，结合楼宇 BIM 模型，以三维可视化的方式直观展示各楼宇入驻企业的名称、企业信息、企业分布、产业占比，楼宇空置空间、招商情况、运营状况、存在问题等信息，并提供搜索工具和多维统计分析图表，便于商务区管委会掌握各楼宇招商和入驻企业情况，有针对性地制定招商扶持政策。

③智慧交通：综合运用“AI+ 视频”技术手段，自动识别进出中央商务区的交通车流数据，如车牌号码、车型特征、车身颜色、车辆类型等，并基于 CIM 平台，综合呈现获取的交通车流数据，判断预警道路的拥堵程度，实现中央商务区交通预警

和综合管理。

④数字城管：综合运用“AI+ 视频”技术手段，自动识别中央商务区内道路开挖、车辆违规停放、占道经营、游商小贩、乱堆物料等城管违规行为，基于 CIM 平台实现城管违规事件告警（含抓拍图片）、核实、任务派发、结果反馈、核验等一系列处置流程。

青岛中央商务区城市信息管理平台示意图如图 9.2 所示。

图 9.2　青岛中央商务区城市信息管理平台示意图

9.2.3　建设成果

（1）实现中央商务区全生命周期业务贯通

基于 CIM 的城市综合治理平台，青岛中央商务区项目进行了智能交通、市政部件、智慧灯杆、楼宇经济及城市综治等业务系统建设和综合应用，实现商务区各类系统业务联动以及对城市事件的实时监控、透彻感知、动态预警。

（2）实现商务区开发、建设、治理与服务全方位数字化升级

该项目响应中央建设“数字中国”、智慧社会战略号召，贯彻落实“数字山东”“数字青岛”建设要求，充分利用 BIM、3D GIS、物联网等数字化技术，打破信息孤岛，整合各种信息资源。

（3）有效赋能园区对外宣传和招商引资

基于 CIM 三维信息模型，基于“一张蓝图”的数字底板，将园区规划、建设监管、运行管理、治理和服务进行有机融合，丰富创新园区业务管理模式，增强园区治理服务效能，提升园区品质和品牌附加值，打造园区高端品牌形象。

（4）服务智慧社会创新发展

积累形成商务区大数据资产，建立城市数字化档案，可以更好地为政府治理、社会民生、产业经济、应急处置等提供有效的决策依据。该项目的实施，是我国基于数字孪生的新型智慧城市建设的探索实践，将对国内新型智慧城市、数字城市的建设发展起到良好的促进作用。

9.2.4 项目特色

（1）基于“数字孪生”理念的创新

整合规划成果数据、基础地理信息数据、3D GIS、BIM 等时空数据，构建商务区城市信息模型，搭建CIM时空信息云平台，初步构建中央商务区数字孪生城市雏形，并基于 CIM 平台，打破信息孤岛，整合多方数据，探索涉及规划、建设和管理全过程的业务应用。

（2）基于数字化技术的“三个一体化”模式的创新

“三个一体化”即空间一体化、管理一体化和全程一体化。空间一体化以“BIM+3D GIS”为依托构建全方位城市信息模型（CIM），通过数字孪生的城市双体，构筑城市数字化基础设施；管理一体化通过物联网、智能化、移动等技术实现管理业务纵向打通，数据实时互联；全程一体化即形成规建管一体化业务数据融通及动态循环更新闭环的一体化新模式。

（3）规建管一体化城市综合治理举措的创新

该项目首次尝试打通规划、建设、管理的数据壁垒，基于 CIM 平台，提供规建管一体化综合应用，同时积累城市数据资产，助力建设科学规划、高效建设和优质运营的新型智慧城市。

9.3 泉州芯谷园区基于 CIM 的规建管服一体化应用项目

9.3.1 项目概况

作为泉州半导体高新技术产业园区核心区的南安分园区，其规划建设面积约 33 km^2，是受福建省大力支持，由泉州市、南安市两级共同打造的“港产城人”高端融合的创新示范新城。

在国家鼓励加大“新基建”的背景下，作为全国唯一一个直接定位为发展化合物半导体的高新技术产业园区，南安分园区加速推进智慧建设，夯实园区发展基础。为进一步提升园区管理能力、服务能力、集聚能力、可持续发展能力，打造智慧、绿色、生态、和谐、宜居宜业的半导体高科技园区，南安芯谷管委会启动建设南安芯谷智慧园区项目。

9.3.2　建设内容

南安芯谷智慧园区按照顶层设计建设，建设内容概括为“1+2+3+4”，即1个系统、2个中心、3个平台、4类应用，具体内容如下：

①1个系统：即以“新基建”为导向的园区智能化感知系统，包含智慧灯杆、智慧安防、智慧能源、智慧消防、智慧停车、智慧管网等。

②2个中心：即数据中心与运营指挥中心。数据中心以“BIM+3D GIS”技术为依托，形成园区全方位、全时空的三维信息模型。运营指挥中心提供园区体征监测、综合管理、集中展示、智慧调度、数据分析、决策支持等服务。

③3个平台：即基于CIM的时空信息云平台、大数据AI分析平台、园区物联网平台。

④4类应用：即智慧园区4大类应用功能，包含园区规划应用、工程建设应用、运营管理应用与招商服务应用。

泉州芯谷南安分园智慧运营中心示意图如图9.3所示。

图9.3　泉州芯谷南安分园智慧运营中心示意图

9.3.3　建设成果

（1）强化多规合一，实现园区“规划一张图”

①集成规划成果：集成园区总体规划、控制性详细规划、专项规划等规划成果

数据，实现园区规划的数字化入库、多规合一、统一管理，构造园区“规划一张图”。

②强化风貌管控：通过集成规划成果，园区开发建设过程中的规划查阅、更新得以日常化、规范化，为强化园区风貌管控助力，保障园区规划管理，确保“规划一张图”的有效性和实时性。

③整合规划价值：在集成规划成果数据的基础上，基于BIM和二、三维GIS等技术，展示园区未来发展规划成果，包括周边配套、生态环境、产业布局、功能区划分、规划指标等，综合体现园区未来产业价值。

④辅助招商引资：在集成规划成果、强化风貌管控、整合规划价值的基础上，附加提供招商楼宇展示、招商辅助选址等功能，有效助力园区产业导入和招商引资。

（2）强化全程管控，实现“建设监管一张网”

①项目监管立体化：CIM平台汇聚园区内各业主单位拟建、在建的工程项目，涵盖从项目报建到竣工各阶段的进度、投资、质量、安全等业务数据，由管委会进行监控、分析、督查，形成项目的全过程、全方位的立体化管理。

②施工管理智慧化：施工现场采用智慧化管理手段，提升安全文明施工和环境保护的管理水平，确保园区各项目进度可控、投资可控、质安可控。例如运用视频AI识别技术，对施工现场人员未戴安全帽等危险行为进行实时预警和视频留痕；运用物联网传感器技术对塔机运行安全进行全方位实时智能监控，及时预警，防止超载、载重力矩异常、吊群碰撞、倾翻等异常情况的发生。

（3）强化群治智治，实现园区“治理一盘棋”

为更好地管理园区内的人、物、事，实现各类事件的统一管理、协同处置，泉州芯谷智慧园区项目建立园区智慧运营中心，做到运营中心综合管理、三端事件上报、事件综合处置，形成园区“治理一盘棋”。

①运营中心综合管理：为全面掌握园区管理情况，基于CIM平台建立园区运营中心。该运营中心集感知、分析、服务、指挥四位一体，综合管理园区内各类人员、设施、事件，为实现园区“治理一盘棋”提供“棋盘”。

②三端事件上报：园区事件来源主要有3类：综合执法队现场巡逻、新型市政设施的智能报警、群众移动端上报。通过CIM平台将这3类事件通过3个输入端汇聚到园区智慧运营中心，经过分析处理形成事件数据流，即园区“治理一盘棋”的“棋子”。

③事件综合处置：对上报事件进行统一分析后，由运营中心统一分派任务，即设置园区“治理一盘棋”的“棋规”，实现事件的协同处置、结果跟踪，提升事件综合治理效率，减少事故带来的损失，降低运营管理成本，提高园区工作生活品质。

（4）强化链接共赢，实现“招商服务一站式”

为丰富园区服务业态，打通业务及数据壁垒，提升空间运营管理效率，服务体验，管委会、园区运营方联合各合作商户、供应商、社会组织建立统一运营服务门户与App，为园区入驻企业、产业人、原住民提供工作、生活等各类服务，实现园区“招商服务一站式”。

①服务生态化：通过建立园区统一门户、统一移动端服务入口，有效链接运营方、政府、企业、合作伙伴，实现生态化服务及生态化运营。

②人产融合化：通过“芯生活”深度链接产业人和原住民，发挥平台的载体属性，实现人与产业的深度融合。

③设施联通化：通过数字运维平台实现物物相连，智能化场景联动。全面提升面向园区入驻企业、个人的综合服务水平，做到降本创收。

9.3.4　项目特色

（1）注重顶层设计，提前谋划

顶层设计对智慧园区建设的成效至关重要。如果缺乏整体性的顶层设计指导，在智慧园区的建设过程中难免会遭遇各自为政、信息孤岛、重复建设等城市信息化建设难题，增加智慧园区建设失败的风险。在泉州芯谷南安分园的建设初期，采用基于 CIM 的规建管服一体化运营模式，体现了站在全园区长远发展的角度，进行通盘考虑、统一规划、提前谋划，从而奠定了园区稳定发展的基础。

（2）建立统一规范，步伐一致

建立统一规范是实现园区数字化建设的有效保障，是解决由信息不对称、发展不连贯导致的园区建设问题的有效方案。统一规范的建立，能够保障园区的各业务板块有规划、有秩序、有节奏地进行建设；能够实现数据的有效留痕，有助于园区建设的全过程、全要素、全方位管理。在该项目的建设过程中，建立“一张图”“一张网”“一盘棋”“一站式”管理模式，对于不同发展阶段、不同发展方向、不同管理目的，制定统一的、可落地的规范制度，以保障园区建设的稳步前行。

（3）数据融通挖掘，赋能发展

基于 CIM 和数字孪生园区的建设理念，构建园区统一的 CIM 信息平台，可以打通规划、建设、管理和服务的数据壁垒，改变传统模式下规划、建设、管理和服务脱节的状况，将规划设计、建设管理、园区管理和运营服务进行有机融合。管理和服务需求在规划、建设阶段就予以落实，实现规建管服一体化的业务融合和数据动态融通，丰富创新园区业务管理模式，增强园区治理服务效能，有效提升园区品质和品牌附加值。

9.4　重庆东站城市信息模型平台

9.4.1　项目概况

重庆东站作为重庆铁路枢纽 5 个主站之一，汇集了国家“八纵八横”高速铁路主通道中的包海、京昆、厦渝、沿江4条主通道，对重庆提速构建“米”字形高铁网、加快建设国家综合性铁路枢纽至关重要，是全市推进全面融入共建“一带一路”、加快建设内陆开放高地的重要战略支撑，是重庆立足西部、联动东部、面向东盟、连接亚欧的开放门户。

重庆东站铁路综合交通枢纽是一个复杂的系统工程，具有意义重大、工程复杂、要求严格、时间紧迫等特点，围绕“东站片区智慧高铁新城”的基本定位，以东站“站城一体”智慧化建设为抓手，紧贴东站建设时序以及实际业务需求，开展重庆东站站前开发片区CIM平台建设，搭建包括CIM基础平台、CIM+施工图调度中心，以及CIM+设计方案评估系统、CIM+征拆迁监管系统、CIM+土地开发招商系统3大CIM智慧建造应用，实现东站站前片区规划、设计、建造阶段的可观、可管、可追溯。

9.4.2 建设内容

该项目结合东站建造阶段的实际需要，以重庆东站站前片区为项目应用范围，面向东站施工建造阶段构建“113”智慧化体系，即“一平台、一中心、三应用”。“一平台”为CIM基础平台，“一中心”为施工调度中心，“三应用”是CIM+设计方案评估系统、CIM+征拆迁监管系统、CIM+土地开发招商系统。重庆东站CIM平台总体架构图如图9.4所示。

图9.4 重庆东站CIM平台总体架构图

（1）CIM 基础平台

CIM 基础平台作为核心的底座支撑平台，主要构建包括东站站前片区各方业务的数据汇聚通道、CIM 工程基础数据库、数据查询与可视化、支撑引擎建设等，实现东站站前片区数据的集中共享和统一管理，打破“站城一体”数据无法联通共享的技术障碍，同时形成数据自生长机制。

（2）CIM+ 施工调度中心

施工调度中心主要面向城市运行与管理，提供东站站前片区综合展示、模拟仿真、施工指挥调度等应用模块。在展示东站三维城市风貌的同时，实现东站工程项目建设成果、智慧工地平台的应用集成与可视化呈现，从而可以快速地根据场地、需求、时间等控制因素，观察东站多个施工项目的综合进度、质量、安全等情况，并能够实时汇聚联动东站周边的消防、医疗、交通等应急资源数据，以融合通信为主要手段，实现应急调度基础功能。

（3）CIM+ 应用

① CIM+ 设计方案评估系统

CIM+ 设计方案评估系统以 CIM 基础平台接入东站城市规划、现状、设计数据为支撑，通过对各设计成果进行统筹集成，按照东站“四化”（国际化、绿色化、智能化、人文化）理念和要求，从宏观和微观层面，构建综合评估模型，对方案进行多指标定量体检评估，辅助方案科学决策，降低方案研究成本。CIM+ 设计方案评估系统界面效果图如图 9.5 所示。

图 9.5　CIM+ 设计方案评估系统界面效果图

② CIM+ 征拆迁监管系统

CIM+ 征拆迁监管系统用于实现房屋征收过程的动态数据采集、统计、分析与监管。业主及相关管理部门可以直观地掌握征拆迁情况和进度，并通过与倾斜摄影等现状及数据进行综合对比分析，辅助征拆迁工程的科学决策，发现快速征拆迁过程可能存在的难点，促进征拆迁工作更加规范化、透明化和高效化。CIM+ 征拆迁监管系统界面效果图如图 9.6 所示。

图 9.6　CIM+ 征拆迁监管系统界面效果图

③ CIM+ 土地开发招商系统

CIM+ 土地开发招商系统基于 CIM 平台的智慧招商，相较于传统招商模式，它可以更加便捷、高效、全面地展示与分析招商信息，打造身临其境的展示场景，从而实现足不出户即可畅游查看东站高铁新城的建成效果。

9.4.3　建设成果

（1）打通信息共享整合渠道，形成“三融五跨”共享体系

以 CIM 基础平台为底座，向下全面整合多源异构工程建设数据，向上发展数据开放共享，以“需求牵引、业务驱动”为引领，共建、共治、共享为原则，树立“智慧东站”“一张图、一张表、一盘棋”的思想、以“三融五跨”（三融：技术融合、业务融合、数据融合；五跨：跨层级、跨地域、跨系统、跨部门、跨业务）为方式，全面统筹牵动政府各部门、相关科技企业、公共服务企业、社会资本各方力量参与建设。

（2）打造国内领先智慧建造，突破传统业务管理模式

重庆东站铁路综合交通枢纽高铁经济区是重庆市重点打造的智慧城市区，通过

采用“CIM 基础平台 + 运行中心 + 智慧应用”等技术体系构建全新的智慧建造平台，以丰富的空间智能场景为依托，完成智慧应用与实际业务的深度融合，确保东站建设和管理的科学性、全面性、有效性，打破传统工程项目管理模式的壁垒，树立东站智慧形象，树立重庆智慧品牌。

（3）深度应用先进技术，持续带动产业发展

重庆东站 CIM 平台的实施，为东站铁路综合交通枢纽高铁新经济区注入新的动能。智慧建造平台的建设，将持续推进新一代信息技术在建设中的应用，强化与区域战略、规划、建设的全面深度融合，构建以信息化为引领的区域发展新形态，有助于发展物联网、云计算、5G 等高端信息技术，促进信息技术产业化和传统产业信息化，加快产业转型和结构优化，抢占未来科技制高点，提升区域及城市的创新力和竞争力。

9.4.4　项目特色

东站片区 CIM 平台建设通过搭建数字孪生东站“骨架”，构建东站三维空间数字底板，面向监管决策者、工程参建方、企业商家等服务对象，提供设计、建造、招商等融合创新场景应用，全面提升东站智慧化建设管理水平，降低建设成本，提升管理效率，辅助方案决策，助力产业数字化升级。

（1）构建数字孪生东站，充分挖掘数据价值

以东站“四化”建设目标为指导，融合大数据、物联网与测绘地理信息等相关技术，积极应用无人机倾斜摄影、测绘、BIM 等，对东站规划、设计、建设阶段的建造数据进行深度挖掘，汇聚形成工程建设基础库，有效融合各类数据资源，如时空基础数据、现状规划数据、工程建设项目数据（含 BIM）、施工监测数据等。建立静态动态一体化的全空间一体化的数字孪生东站，提供更佳的可视化能力，赋予多源异构数据时空维度，挖掘数据价值。

（2）打造统一基础平台，有效汇聚服务能力

通过构建重庆东站 CIM 平台，形成数据采集、传输、汇总、分析、处置等规则，促进各类资源从单元利用转向综合利用，消除信息、技术、行业的“孤岛”与“壁垒”。通过提供二次开发、移动应用等服务能力，以及标准的数据接口，从而实现与其他系统的有效兼容，保障平台的可扩展性。

（3）建立运行指挥中心，科学辅助决策管理

结合基础数据成果和平台能力打造可视化、集成化的智慧运行指挥中心，为项目决策者和监管者提供信息轻量化服务，对项目建造数据进行科学地筛选和分析处理，并实时展现，为东站管理决策提供可靠的依据。

（4）推动智慧应用场景，驱动智慧建造发展

以东站项目为依托，经转换、融合各类数据资源，推动业务协同平台、智慧建

造等智慧应用场景建设，从规划、设计、建造等方面服务东站建设发展，着重满足东站建设需求。让工程建设全产业链上的各参与方都成为数据的提供者和受益者，协同促进实现平台自生长，实现业务驱动数据常用常新，推动智慧建造创新应用长效发展。

参考文献

［1］住房和城乡建设部．城市信息模型（CIM）基础平台技术导则［S］．建办科〔2020〕45号，2020.

［2］住房和城乡建设部．城市信息模型（CIM）基础平台技术导则（修订版）［S］．建办科〔2021〕21号，2021.

［3］王效科，欧阳志云，仁玉芬，等．城市生态系统长期研究展望［J］．地球科学进展，2009: 24（8）：928-935.

［4］Stojanovski T. City Information Modeling（CIM）and Urbanism: blocks, connections, territories, people and situations［J］. Simulation Series, 2013, 45：86-93.

［5］Xu X, Ding L, Luo H, et al. From building information modeling to city information modeling［J］. Journal of information technology in construction, 2014, 19：292-307.

［6］Al Furjani A, Younsi Z, Abdulalli A, et al. Enabling the City Information Modeling CIM for Urban Planning with OpenStreetMap OSM［J］. 2020,（3）：3-5.

［7］Melo H C , S M G Tomé , Silva M H , et al. City Information Modeling（CIM）concepts applied to the management of the sewage network［J］. IOP Conference Series: Earth and Environmental Science, 2020, 588（4）：042026.

［8］吴志强，甘惟，臧伟，等．城市智能模型（CIM）的概念及发展［J］．城市规划，2021，45（4）：106-113，118.

［9］中国信息通信研究院．数字孪生城市研究报告（2018年）［R］．2018.

［10］中国信息通信研究院．数字孪生城市研究报告（2019年）［R］．2019.

［11］中国信息通信研究院．数字孪生城市白皮书（2020年）［R］．2020.

［12］广联达科技股份有限公司．数字建筑白皮书: 新设计、新建造、

新运维——拥抱建筑产业数字化变革［R］. 2018.
［13］《城市信息模型（CIM）概论》编委会 . 城市信息模型（CIM）概论［M］. 北京：中国电力出版社，2022.
［14］中国测绘学会智慧城市工作委员会 . CIM 应用与发展［M］. 北京：中国电力出版社，2021.
［15］中国电子技术标准化研究院 . 数字孪生应用白皮书（2020 版）［R］. 2020.
［16］中华人民共和国住房和城乡建设部 . 城市信息模型基础平台技术标准：CJJ/T 315—2022［S］. 北京：中国建筑工业出版社，2022.
［17］自然资源部 . 实景三维中国建设技术大纲（2021 版）［S］. 自然资办发〔2021〕56 号，2021.
［18］上海市住房和城乡建设管理委员会 . 2021 上海市建筑信息模型技术应用与发展报告［R］. 2021.
［19］成都市智慧城标准化技术委员会 . 成都市城市信息模型（CIM）标准化白皮书［R］. 2022.
［20］《智慧园区应用与发展》编写组 . 智慧园区应用与发展［M］. 北京：中国电力出版社，2020.
［21］林亚杰 . 基于 CIM 的市政基础设施管理平台设计［J］. 中国建设信息化，2021（14）：63-65.
［22］杨耀庭 . 大数据是企业信息化建设的核心［J］. 建筑技术开发，2017，44（1X）：35.
［23］刘喆，孙恒 . BIM 技术基础［M］. 北京：中国建筑工业出版社，2018.
［24］叶雯，路浩东 . 建筑信息模型（BIM）概论［M］. 重庆：重庆大学出版社，2017.